U0196090

Vinciane Despret

QUE DIRAIENT LES ANIMAUX, SI...
ON LEUR POSAIENT
LES BONNES QUESTIONS?

我们问对动物了吗

〔比利时〕万仙娜·戴普雷 著

佘振华 译

上海文艺出版社
Shanghai Literature & Art Publishing House

目　录

作者致谢

感谢埃里克·巴拉泰（Éric Baratay）、埃里克·比尔南（Éric Burnand）、安妮·科尔内（Annie Cornet）、妮科尔·德鲁弗瓦（Nicole Delouvroy）、米雪尔·加朗（Michèle Galant）、塞尔热·古特维特（Serge Gutwirth）、唐娜·哈拉维（Donna Haraway）、让-玛丽·勒梅尔（Jean-Marie Lemaire）、于勒-文森·勒梅尔（Jules-Vincent Lemaire）、吉内特·马尔尚（Ginette Marchant）、马可斯·马特奥斯-迪亚兹（Marcos Mattéos-Diaz）、菲利普·皮尼亚尔（Philippe Pignarre）、约瑟琳·波切（Jocelyne Porcher）、奥利维耶·塞尔韦（Olivier Servais）、吕西安娜·斯特里威（Lucienne Strivay）、弗朗索瓦·托罗（François Thoreau）。

此外，尤其要感谢洛朗丝·布基奥（Laurence Bouquiaux）、伊莎贝尔·斯坦格斯（Isabelle Stengers）和艾芙琳·范波佩尔（Evelyne Van Poppel）。

阅读指南

　　本书并非词典，但是读者可以把它当作一本词语手册。按部就班之人，不妨按西文字母之序阅读本书。

　　但读者也可以从某个感兴趣或吸引他的问题开始。我希望大家将很惊讶地发现，书中答案与预期不同，需有此思想准备。

　　当然还可以从章节中间部分开始，相信自己的指尖，追随内心的愿望，或信手翻开，或循他序；亦可欣然追随散布于书中的参阅符号（☞）。总之，阅读本书并无必然的次序与方式。

A：Artistes—艺术家
动物笨得可以当画家①?

　　"笨得可以当画家"。这句法国谚语至少可以上溯至米尔热（Murger)② 的文艺流民生活年代，即 1880 年左右。在争论中，人们总是把它用作玩笑话。为什么艺术家被视为比任何人都笨呢？

　　　　　　　　　　马塞尔·杜尚，《艺术家该去上大学吗？》

---

① 原文为 bête comme un peintre。法语单词 bête 用作名词意为"动物"，用作形容词意味"蠢笨"。作者借此玩了个语言游戏。（本书注释无特别说明均为译注。）
② 1822—1861，法国作家，普契尼经典歌剧《艺术家的生涯》（一译《波西米亚人》）的原著小说《文艺流民生活场景》的作者。

可以把画笔拴在动物的尾巴上作画吗？1910年，独立艺术家沙龙上展出的著名油画《亚得里亚海之夕阳》提供了一个答案。这是若阿希姆-拉斐尔·博罗纳利的作品，也是该画家唯一的作品。博罗纳利实际上叫"罗罗"，是一头驴。

近年来，诸多动物作品在互联网（☞ Y：Youtube—Youtube视频网站）上传播，再次激发了一个老话题：可以把艺术家的身份授予这些动物吗？动物可以独立或者协同创作的观点并不新鲜。博罗纳利的故事我们暂且按下不表，因为这个带有玩笑性质的试验，其真正目的并不在于提出上述问题。但不管怎样，长期以来，许多动物参与了各种表演——有喜有忧，忧多于喜——这让某些驯兽师把它们视作名副其实的艺术家（☞ E：Exhibitionnistes—表演者）。仅以绘画一门而言，今天的"候选艺术家"便为数众多，哪怕仍有很大争议。

1960年代，著名动物学家德斯蒙德·莫里斯（Desmond Morris）的黑猩猩孔戈（Congo）以其抽象印象主义的画作开启了论战。孔戈虽于1964年去世，但其"画派"仍在。现在，在与里约一湾之隔的尼泰罗伊市动物园里，我们仍可以看到黑猩猩吉米（Jimmy）的日常表演。一天，它的饲养员突发奇想，给它拿来一些颜料，一举把它从无聊的日常中拯救了出来。比吉米更出名，在艺术市场上影响力更大的是骏马乔拉（Cholla，亦名"乔亚［Tchoya］"），它用自己的嘴创作抽象画。至于小狗提亚穆克切达干酪（Tillamook Cheddar），一只美国杰克罗素㹴，它借助一种适合捕鼠狗（尤其适合有神经质性格的捕鼠狗）的特殊装置当众表演：它的主人在画布上铺好一张光滑的复写纸，内层涂上颜料，然后让小狗用爪子抓、用牙齿咬。小狗作画的同时，爵士乐队在旁边为这场表演配乐。十几分钟的蹦跶后——指狗，主人拾起装置并掀开画布。一幅带有神经质的、集中在画布一个或两个区域的画作就呈现在观众眼前。互联网上，这些表演的视频广为流传。抛开画作质量不谈，我们必须承认，的确可以提出动物是否有真正作画意向的问题。但是，这是一个好问题吗？

关于创作意向的问题，初看起来，在泰国北部对大象进行的实验似乎更有说服力。自从泰国法律禁止使用大象运输木材后，它们就失业了。由于无法回归大自然，它们被送进一些收容机构。网上流传的视频里，最热门的是在距清迈五十多公里的湄登大象训练营拍摄的视频。它们展示了一头大象正在完成拍摄者称之为"自画像"的作品，具体而言就是一个线条抽象简洁、鼻子里卷着鲜花的大象形象。导致视频解说者用"自画像"为之命名的原因仍待理清。外星人看到一个人类凭记忆画出人像，他难道会认为这是自画像吗？视频解说者们如此命名是因为无法辨识不同大象，还是一种陈年反射呢？我倾向于认为这是一种反射。一头大象画出大象，然后被自动视为自画像，这无疑与某种奇怪的信念有关：即所有的大象都可以相互替代。动物的身份常常被简化为它们各自的物种属性。

看到这头大象作画的样子，我们肯定会觉得不可思议：它是那样精细、准确，对所做的事情如此专注，似乎满足了某种艺术意向性的所有条件。但是，如果我们细究，如果我们注意到这一表演如何设置，我们就会明白，这是多年训练的结果。大象应该是先学会了在人类制作的简图上作画，然后就一遍又一遍地重复这些学会的简图。仔细想来，不是这样才怪。

德斯蒙德·莫里斯同样对这些"大象画家"非常感兴趣。他决定利用一次在泰国南部旅行的机会,一探究竟。有限的逗留时间不允许他前往泰国北部参观"大象艺术家"的成名之地清迈。但是,在芭堤雅的东芭乐园也有类似的表演。看完演出,他写道:"对于大多数现场观众而言,发生在眼前的事情让他们觉得非常神奇。如果大象能像这样画出花草树木的图像,那么从智力角度而言它们就非常接近人类了。但是观众没有注意到大象作画时驯象师的动作。"他指出,如果观众仔细观察,就会发现每次大象下笔之时,驯象师都会抚摸象耳,从上至下时大象画直线,横向抚摸时大象画横线。因此,莫里斯总结说:"很遗憾,大象完成的画作并不属于它自己,而是属于人类。大象并没有作画的意向,也没有作画所需的创造力,这只是一种听命于人的复制而已。"

这就是我们常说的"扫兴的家伙"。有些科学家急于扮演这个角色,他们对此表现出的热情和勇于宣布坏消息的可敬的英雄主义——除非那是一种全天下都上了当、唯我独醒的极度骄傲——总是让我惊讶。而就像在所有那些科学家坚持真理、擦亮我们眼睛的故事里头一样,这个故事里被扫的不光是我们的兴致,那似曾相识的"只是……而已"还标志着祛魅的圣战。但是,这种祛魅完全基于对那"施魅"让人快乐的事物的严重误解(或许还不怎么地道)。误解纯粹来自以为人们会天真地相信奇迹。换言之,只因误会了"施魅"才能如此轻松地"祛魅"。

因为这些面对公众的表演的确有种魅力。但是这种施魅并不发生在德斯蒙德·莫里斯以为的范畴中。这是类似某种美(grâce)的东西,可以从视频里觉察到,若有机会亲临现场——

我在写完本文初稿后不久即获得这一机遇——则更能体会。

这种魅力源自大象的极度专心，源自其用长鼻子画出的每一笔，平实、精准、有力。某些时候，它也会提笔犹豫几秒钟，显得既坚定又克制，非常微妙。看得出，大象非常专注。但最重要的是，释放出这一魅力的近乎一种美，它来自物种间默契的合作，来自一起努力并似乎因此而充满幸福——我甚至想说骄傲——的人和大象的自我实现。沉浸在魅力中的观众认可并为之鼓掌的正是这种美。有没有诸如向大象指示画线方向这类"驯兽手段"对看到表演的人来说并不重要。观众感兴趣的是，正在发生的事情完全不确定，犹豫——不管是刻意要求的还是自然流露的——被保留。任何回应都影响不了正在发生的事情。而这种犹豫与我们在观看魔术表演时会产生的犹豫类似，是我们能够感知这种美和魅力的部分原因。

我不会分散精力去争论，强调说湄登大象训练营的演出与东芭乐园的演出不同，驯象师没有去摸大象的耳朵——要不是回看了当时在现场拍摄的照片，我也不敢这样断言。这毫无意义，因为届时随便哪个"扫兴的家伙"都会反驳我说那一定有其他机关，每个大象营使用的手法都不一样，而我显然没有注意到。或许只需说与北方的大象不同，南方的大象画画时需要有人摸着它们的耳朵？又或者有些大象用耳朵绘画——一如有人说泰国南北方的大象甚至非洲象能靠脚掌听到动静？

因此，对于德斯蒙德·莫里斯在"很遗憾，大象完成的画作并不属于它自己"中慷慨赠予的令人如释重负的"遗憾"，我表示拒绝。大象的画作当然不是它自己的。谁又会怀疑这一点呢？

不管大象是因为驯兽手段还是因为驯顺的学习而复制人们教给它的东西,问题总是同一个,即"自主行动"的问题。我现在对该问题的提出方式总是保持警惕。在我整个研究生涯中,我发现,动物竟然还比人类更容易被质疑缺乏自主性。这种怀疑比比皆是,尤其是在涉及某些长期被视为人性所系的行为时,比如文化行为,甚或最近在喀麦隆一处动物救助站中观察到的一群黑猩猩在一个挚爱的雌性伙伴死亡时表现出来的令人惊讶的哀悼行为。由于这种行为是管理员坚持向故去黑猩猩亲属展示其遗体所引发的,因此批评者大加诛伐:这不是真正的哀悼,黑猩猩真正的哀悼应该由它们自发地、"独立地"表现出来(☛ V:Versions—译为母语)。仿佛人类面对死亡时的悲伤是我们自己"独立"生成的,仿佛成为画家或艺术家不需学习前人的动作、用不着一遍又一遍地重复每个艺术家接力传承的那些创制于前代的主题。

当然,问题要复杂得多。但用"要么……要么……"的逻辑来提出这个问题既不会让它变缜密,也不会使其更有趣。

在我们所讨论的这些情况中,似乎关键并不是某一个体的行动,无论这一个体是人类(有的人认为,"一切源自人类意向")还是动物(它是作品的作者)。我们面对的是相当复杂的整合(agencement):每一例中的组合都"构成"一例意向整合,这一整合则属于某一异质生态网络。在大象的案例中,这一网络包含的异质元素有:动物救助站;动物管理员;惊讶的游客——他们会拍照,会在互联网上散布这些照片,把大象画作带回自己的国家;为了大象福利而出售前述画作的非政府组织;在大象运输木材禁令颁布后失业的大象……

因此，我无法回答动物是否是艺术家的问题，无论此处"艺术家"的概念与我们通常理解的艺术家相似或相异（☞ O：Œuvres—作品）。比起这一表述，我会说那是某种成功。我会选择在撰写这些文章时自己冒出或当仁不让的那些表述：动物和人类共同操作。它们在美与完成作品的快乐中行事。我之所以如此措辞，是因为我觉得它们能让我们感受到这种美及其伴随的所有事件。归根结底，重点难道不是在这儿? 接受能让我们感性地回应这些事件的诸多讲述、描写和言说方式。

关于本章

本章的标题以及标题之下的解释性说明都源自马塞尔·杜尚题为《艺术家应该上大学吗?》的演讲（纽约霍夫斯特拉大学，1960 年），以下是更加完整的摘录：

"'笨得可以当画家'。这句法国谚语至少可以上溯至米尔热的文艺流民生活年代，即 1880 年左右。在争论中，人们总是把它用作玩笑话。为什么艺术家被视为比任何人都笨呢? 可能是因为他的技艺主要都是手工活，与知识没有直接联系? 无论如何，通常，人们认为画家不需要任何特殊的教育就可以成为伟大的艺术家。但是这些看法今天已不流行，自上世纪末艺术家主张自由以来，他们与社会之间的关系发生了变化。"（Marcel Duchamp, *Duchamp du signe*, Flammarion, Paris, 1994, p.236—239）我要感谢马可斯·马特奥斯-迪亚兹，他为本章撰写提供了许多帮助。

大象的视频可在 koreus. com 和 youtube. com 上找到。我强烈建议读者去看看这些视频，以便了解我所说的"施魅"。清迈地区有许多收容所在照顾大象，其中大多数都向游客提供了骑大象的服务，有一些还组织了生态旅游活动。所有人都强调，人类和大象必须共同努力，以确保这种食物需求量巨大的动物生存下来。在旅游旺季，视频中可见的两头大象画家每天都在距清迈五十多公里的湄登大象公园表演。

至于我引用的黑猩猩绘画研究专家德斯蒙德·莫里斯的评论，读者可以在 dailymail. co. uk 上找到，并可以在 youtube. com 上看到这些大象的画面。

B：Bêtes—蠢动物
猿类真的会模仿吗?

长期以来，动物很难不被人类视为"愚蠢"，乃至"愚蠢至极"。甚至，亲近动物的思想家以及热心的动物爱好者也曾背上"顽固的人形动物"之骂名。今天的研究已经为这些人士平反，把他们从被遗忘的角落里拉了出来，与此同时，对所有把动物视为没有灵魂的机器的人进行了批判。这一转变让人欣喜。如今，固然要彻底打破那些把动物变为"蠢货"的沉重的思想机制，同时亦须关注某些以怀疑主义、严谨的科学规范、精确度、客观性等大道理为由头，对动物暗含贬低的小伎俩。例如，众所周知的摩尔根法则（Morgan canon）提出，当某一动物行为从低级能力和高级或复杂能力两方面都能获得解释时，应以较简单的解释为准。这还只是诸多"蠢化"动物的方式之一，其他方法更加隐蔽,一一识别它们需要付出艰苦的努力,甚至得像偏执狂那样怀疑不休。

开始这一识别的最佳场域是那些有关应否承认动物拥有某种能力的科学争论。其中,围绕动物是否拥有模仿能力的争论对我们的识别贡献尤多。

更有教益的是,这一长期而激烈的争论最终导致一个奇怪的问题:猿类会模仿吗?用英语说就是:Do apes ape?

历史告诉我们,此类就赋予动物高级能力而产生的争论,它们的焦点往往可以理解为——希望读者能原谅这一诘屈聱牙的用语——"属性产权"问题:属于我们人类的能力,即我们的"本体论属性"只能属于人类,如微笑、自我意识、死亡认知、乱伦禁忌等。但要从赋予动物高级能力跨越到从动物身上剥夺曾经赋予它们的能力,这又是一大步!或许可以认为科学家在某些能力的争夺问题上格外敏感——哲学家就曾经是这一指控的对象:据说在动物是否拥有语言这一问题上,他们表现得毫无理性。或许,动物的模仿能力之于科学家就如动物的语言能力之于哲学家?

另一个更注重经验的假说或会将科学家对于所谓的"剥夺实验"展示出的不幸偏好纳入考量。在剥夺实验中,"动物如何做到"的问题转译成了"夺走什么才能让动物办不到"的问题。这便是康拉德·劳伦兹(Konrad Lorenz)所说的"失效模型"。如果切除大鼠或猴子的眼睛、耳朵、大脑的某个部分,甚或剥夺它与环境的所有接触,会造成什么后果?(☞ S:Séparations—分离)它还能在迷宫中奔跑、自我控制、建立联系吗?想来对这种方法论的严重偏好对某些科研人员的习惯影响更深,并演变成了现在这种奇特的本体论上的"切除"形式：让猿类再也不能模仿。

　　然而，事情并非从一开始便是如此。动物模仿的问题是随着达尔文的学生乔治·罗马尼斯（George Romanes）① 重拾其师的一项观察而进入自然科学视域的。达尔文注意到，一些蜜蜂平时进入矮四季豆张开的花冠采蜜，但在熊蜂也来采蜜后，它们改变了自己的采蜜方式。熊蜂采用一种全新的技术，即在花萼下钻孔，然后通过小孔吸吮来收集花蜜。第二天，蜜蜂也这样做了。达尔文举这个例子是为了证明动物和人类具有共同的模仿能力，罗马尼斯则为其赋予了另一理论维度：模仿能用于解释当环境发生变化时，一种本能如何让位于另一种本能，使后者得以传播开来。这一手玩得漂亮，模仿成了可能导致偏差或变异的原因：化"同"为"异"。至此，模仿尚不涉及争夺。但接下来就走偏了，因为罗马尼斯加了一句。他写道：模仿比发明更加容易。尽管他承认模仿也是智力的证明，但它是第二等的智力。他说，很明显，这种能力依靠的是观察，因此演化程度越高的动物就越会模仿。不过他的另一论据冲淡了这一让步：儿童，随着智力程度的提高，模仿能力将不断下降，乃至可以认为，模仿能力与"独创能力或更高思维能力"成反比关系。罗马尼斯得出结论："如是，某一程度的白痴（然而也不能太白痴）模仿能力非常之强，且终身不坠。而在好一点的白痴或者说'头脑简单者'身上，也可以观察到一种过度的模仿倾向，那是他们的普遍特征。同样的现象

━━━━━━━━━━

① 1848—1894，生于加拿大的英国博物学家、心理学家，基于动物与人类认知机制相似性的"比较心理学"的创立者之一。

也见于许多野蛮人。"我们看到,不仅模仿能力本身是分等级的,而且它也参与了对生物的等级划分,这就远远超出了动物性的问题。

这一双重等级,即学习模式的等级和智力行为的等级,在罗马尼斯提出之后不断发展,趋于复杂,尤其是为解决以下难题:如何将不管有没有巴奴日①都会忠实模仿的傻绵羊、被认为没有脑子的鹦鹉和模仿的猿类置于同一等级之上?因此,理论家们开始区分本能式模仿(imitation instinctive)与自省式模仿(imitation réflexive),区分自动模仿(mimétisme)与理性模仿(imitation intelligente),并且为了区分鸟类和其他动物,将声音模仿与视觉模仿区分开来。博物学家一致认为,声音模仿所需的智力水平比视觉模仿要低得多。由偏重视觉的生物制订的这种分级具有明显的人类中心主义色彩,依旧有待商榷。

同时,还区分了有意识的、符合某一计划的主动教育过程,与在无意、被动学习中起作用的模仿。但是,这一区别,正因为于我们是显而易见的事实,我们对其非常熟悉,所以也须接受拷问。因为模仿不仅是低能者(pauvre)的方法,而且还可能渗透在西方思想的重要范畴当中,而正是这些思想范畴对主动和被动的体制分级。如我们所知,这些范畴并不局限于对经验或行为进行分类,还对这些行为主要归属的生物进行分级。

表现为有意识学习的真实智力和低能者智力之间的区别,由罗马尼斯始构,最终随着"insight"(顿悟)概念受推崇而终成规

---

① 在《巨人传》第四卷中,巴奴日把一只羊扔到水里,引得整个羊群跟随着跳入水中。因此,在法语中,"巴奴日的羊"这一谚语专指盲目跟随之人。

模。"insight"概念源于苛勒（Wolfgang Köhler）对大猩猩的研究，可以译为"理解"或"见识"，这种能力可以让动物突然发现问题的解决方案而无需经历一系列试错——后者是一种条件反射型的学习的反映。应当指出的是，"insight"概念并非是为与"模仿"相区别而提出的。它其实是一个抵抗的堡垒为了抵制行为主义理论所实施的"低能化"而锻造的武器。行为主义仅将动物视为一种自动机器，将动物智力（entendement）局限于简单的关联，这些关联构成了行为主义对学习的全部解释。需要说明的是，行为主义者其实不怎么关注模仿，原因在于，他们的方法是为研究单独的动物个体而设计的，除了少数例外。模仿在动物心理学和动物行为学的研究中一直是个边缘课题。

即使有研究人员对模仿感兴趣，它也被定义为低能者的专属，使得动物能够模拟自己实际上并不拥有的认知能力。模仿是一种廉价的"把戏"，是退求其次，是伪装，是让自己看上去拥有真正能力的捷径。模仿是创造的对立面（因而可以理解它为何成了"insight"的反面），哪怕在某些人看来它也可以是通向卓越的捷径，是某种形式的智力的明证。

1980 年代，这一切发生了根本性的变化。在儿童发展心理学和田野研究的共同影响下，模仿不仅再次成为人们关注的课题，而且地位发生了变化。模仿成为一种认知能力，不但以复杂的智力为前提，而且还参与形成某些非常高级的认知能力。一方面，模仿要求模仿者将模仿对象的行为认知为体现出一定欲望和信念的受控行为。另一方面，模仿能形成更高级的能力——首先，理解他人意向的能力推动了自我意识的发展，其次，模仿促成的传播方式又可成为文化传播的媒介。总之，既然涉及到自我意识和文化，那么模仿就变得十分关键了。它从此成了通向心灵主义者——他们能够想到他人头脑里的想法与自己有所不同，并就此做出有效假设（☞ M：Menteurs—欺骗者）——的认知天堂，以及文化动物之社会万神殿的开门芝麻之一。

后续发展也就可以想见。将模仿升级为高等智力能力的同时，人们找出了大量的证据，证明动物实际上并非在模仿，或者说并非通过模仿来学习。

于是便有了我们的问题，这也是一篇著名文章的标题：Do apes ape?——猿类会模仿吗？争论如火如荼。两个对立阵营之间划出了一条明显的分界线。田野研究者通过大量观察证明猿类的确在模仿；实验心理学家则借助大量试验证伪这一点。

模仿理论的支持者提出的论据是观察到大猩猩用非常巧妙的方式从布满棘刺的树上摘叶子。这种技术是通过模仿传播的，可以看到一起进食的大猩猩使用相似的手段。他们还举红毛猩猩为例。在野化场所，研究人员观察红毛猩猩逐渐回归自然的过程，发现它们会洗碗、洗衣服、梳毛、洁牙，试图生火，用吸管从汽油桶里取油，甚至书写，虽然写出来的东西难以辨认——顺便说一句，这些红毛猩猩似乎对回归大自然的计划并不感兴趣。对此，实验心理学家平静地回应："这些都是枝节。"或者："根据摩尔根法则，你们举的每个例子都可以有另一种解释。"

1950 年代在英国，山雀打开了送到许多人家门口台阶上的牛奶瓶的瓶盖，这一行为以一种颇能显示模仿作用的方式不断传播，给送奶工带来了极大困扰。而当乳制品商采用其他封瓶方式，山雀也能调整开瓶技法，而且这种新技法也会逐渐传播开来。即便如此，实验心理学家还是铁面无情。山雀被请至实验室，它们必须证明自己具有真正的模仿能力。通过对照实验，山雀的把戏被"轻松戳穿"：在实验中，没有看到开盖过程、直接面对盖子已被打开的奶瓶的山雀，和看到同类开盖的山雀表现得同样好，所以这不是模仿，而是"效仿"（émulation）。

实验心理学家用同样的对照法研究了猿类。最终结论毫无新意，即这不是真正的模仿，而是类似模仿但不属于模仿的简单关联机制。实际上，这是一种"假模仿"。猿类只是在"模仿模仿"。但显然，这一切骗不了火眼金睛有假必究的学者。因为只有人类才会真正地模仿。

实验室里检验这一假说的实验层出不穷，这终不过是一个更一般的论题的反映罢了，即：人类与其他动物之间的差异。这就扯上了人类。为表公平，对人类的测试仅限于儿童，让儿童承担起与黑猩猩比试的责任。实验终了，黑猩猩全盘告负。心理学家迈克尔·托马塞洛（Michael Tomasello）[①] 让黑猩猩观看用 T 形把获取食物的示范，虽然黑猩猩成功地弄到了食物，但是它们使用了另一种技法。结论：黑猩猩不会模仿，因为它们无法将榜样的行为理解为具有目标指向的行为。它们无法把榜样视作和它们相似的具有意向的施动者（agent intentionnel）。

还有一个取假水果的实验（在一个用闩锁封闭的盒子里放入非人类灵长动物要取的水果——人类儿童要取的则是糖果）。人类儿童忠实地还原了实验人员的所有动作，有的甚至还重复了几次。黑猩猩也打开了盒子，只是没有照搬实验人员的动作，也不包含实验者认为的操作中的重要细节。因此，这不是模仿，而和

---

① 美国发展和比较心理学家，致力研究人类与非人类灵长动物的认知差异。

山雀一样,是"效仿"。

对于这场实验,除了老调重弹我们还能说些什么呢?人类儿童比黑猩猩更加在意成年人的期待吧……

科学家亚历山德拉·霍洛维茨(Alexandra Horowitz)[1]决定改变某些实验设置,事情变得复杂了。她比较的是成年人——都是心理学专业的大学生——和儿童。盒子和儿童实验中用的一样,只是里面放的是巧克力。这真是一场灾难,这些大学生表现得比黑猩猩还要糟糕,他们根本无视示范操作,全都自说自话,有些人拿出巧克力后甚至还把盒子关上,而实验人员之前并没有做出这个举动。亚历山德拉·霍洛维茨精练地总结道,成年人的行为更像黑猩猩而不是儿童。因此,她得出结论,如果托马塞洛是正确的,那么可以推出成年人也无法理解他人的意向。

回头再来看实验人员对黑猩猩的要求,剖析这些"愚蠢化"的实验设置非常有意义。我们必须注意此类实验的盲点。它们所揭示的无非就是大猿在满足人类习俗,或更确切地说科学家的认知习惯时的相对失败。科学家不愿大费周章地去了解动物的社会与行为规范,径直把人类认知强加给它们,一刻都未想过这些大猿会如何理解摆在它们面前的场景(☞ U:Umwelt—周围世界)。匪夷所思的是,居然是这同一批研究人员冲在最前面,谴责自己争论的对手落入了"拟人倾向"的误区,把类似人类的能力套在动物身上。要说"拟人倾向",什么也比不过他们给黑猩猩设计的那套东西!

总而言之,这些实验无法宣称比较了它们所比较的东西,因

---

[1] 美国心理学家,犬类认知专家。

为它们衡量的根本不是同一件事。虽然号称测试的是模仿能力，但是研究人员实际制造出的是某种服从。除此还能怎样称呼模仿人类模仿方式这一要求呢？所以，当这些实验认定大猿失败时，它们本身也失败了。其实，孩子们的刻意模仿本该让他们警觉：孩子们意识到了对研究人员而言忠实模仿的重要性。大猿则甚少讨好的考量，表现得尤为务实。大猿与人类儿童的追求目标不一样。

又或许大猿从未想过人们会期望它们去做这样一件愚不可及的事情：亦步亦趋、毫不走样地模仿提供美食的人类？想象力——估计这才是这些动物真正缺乏的。

关于本章

本章的部分内容已经发表在以下著作中：Vinciane DESPRET，«Il faudrait revoir la copie. L'imitation chez l'animal»，in Thierry LENAIN et Danielle LORIÈS（dir.），*Mimesis*，La Lettre volée，Bruxelle，2007，p.243—261。

所引乔治·罗马尼斯的文字可参见：George ROMANES，*L'Évolution mentale chez les animaux*，Reinwald，Paris，1884。

参考的学术论文主要有：

Richard BYRNE，«Changing Views on Imitation in Primates»，in Shirley STRUM et Linda FEDIGAN，*Primate Encounters: Models of Science, Gender and Society*，University of Chicago Press，Chicago，2000，p.296—310。

Richard BYRNE et Anne RUSSON，«Learning by Imitation: a

Hierarchical Approach», *Behavioral and Brain Sciences*, 21, 1998, p. 667—721。

Michael TOMASELLO, M. DAVIS-DA SILVA, L. CAMOK et K. BARD, «Observational Learning of Tool Use by Young Chimpanzees», *Human Evolution*, 2, 1987, p. 175—183。

迈克尔·托马塞洛的名篇 *Do Apes Ape* 发表在这本书里：Bennet GALEF et Cecilia HEYES（dir.），*Social Learning in Animals: The Roots of Culture*，Academic Press，San Diego，1996, p. 319—346。

亚历山德拉·霍洛维茨证明成年人比黑猩猩更糟的回应已经发表：Alexandra HOROWITZ，«Do Human Ape? Or Do Apes Human?»，*Journal of Comparative Psychology*，117, 2003, p. 325—336。

C：Corps—身体
当着动物的面小便合乎习俗吗？

哲学家斯宾诺莎曾写道：没人知道身体能做到什么地步。我不知道斯宾诺莎是否同意我将要给他推荐的继承人，但是我觉得某些动物行为学家的实践堪称对这一谜题精彩的实验性探索："过去，我们不知道自己的身体能做到什么地步，但和动物在一起，我们知道了答案。"多位女性灵长类学家注意到，田野工作会非常明显地影响自己月经的生理节律。以珍妮丝·卡特（Janis Carter）[1] 为例，她自述为了帮助几只雌性黑猩猩回归大自然，在野外和它们共同生活，导致自己的月经周期完全被打乱。在新的

---

[1]　美国心理学家，1977 年参与黑猩猩露西（Lucy）的放归前往冈比亚，融入当地黑猩猩种群多年。

生活环境的冲击下,她经历了六个月的闭经。月经再次出现后,换了一种出人意料的节奏:在随后几年的田野工作中,她的月经周期变得和雌性黑猩猩一样,成了三十五天。

不过文献中提到动物行为学家的身体还是少。大多数情况下只是一笔带过,通常涉及某个需要解决的实际问题。好在在部分作者笔下,还是能或明或暗地读到某段经历,在其中,他们的身体以某种中介装置的特殊形式得到积极运用。

哲学家唐娜·哈拉维(Donna Haraway)在论及灵长类学家、狒狒专家芭芭拉·斯摩丝(Barbara Smuts)的田野工作时,分析了其中最明显的一个例子。当芭芭拉·斯摩丝在坦桑尼亚贡贝地区刚刚开始田野工作时,她原本要按照自己接受的学术训练去行动,即一步步地接近动物,以便让动物逐渐习惯研究者的在场。为了避免对动物产生影响,研究者必须表现得像个隐形人,就像自己不在场一样(☛ R:Réaction—反应)。按她本人的解释,要表现得"像一块毫无反应的石头,以使狒狒最终能自如行事,就像人类信息采集者不在场那样"。因此,优秀的研究者是那些能够隐形的人,这样他们就可以近距离地看到自然的场景,就像"透过墙壁上的一个小洞"。然而,让自己隐身并让动物逐渐习惯是极其缓慢和艰难的过程,而且往往注定失败——这是所有灵长类学家的共识。之所以会失败,原因很简单,因为这就要求狒狒对研究者表现出来的冷漠毫不在意。但芭芭拉·斯摩丝在研究过程中无法遗漏的是,狒狒经常看着她,而她越是不理会狒狒的目光,它们看起来就越不满意。所谓中立的科学家,其隐身术奏效的唯一对象其实是他自己。忽略社会化信号的做法也根本算不上中立之举。狒狒肯定注意到某一个体在所有范畴之外——某个假装不在场的个体，它们会琢磨是否可以按照狒狒世界里的访客之道来教导这个生物。实际上，一切都源于主导研究的动物观，即提出问题的一方必须是研究者。研究者很难想象动物也会琢磨许多关于他的问题，甚至这些问题有时和他提出的问题一样！人们会问狒狒是否是社会主体，却想不到面对此类行为古怪的奇特生物，狒狒也一定会思考同样的问题——"人类是社会主体吗？"——并显然得出否定的结论，而且根据这个结论行事，比如避开研究者，或者不再像平时那样行动，又或者不知所措而做出奇怪的举动。斯摩丝如何解决这个问题呢？说起来轻巧，做起来却并不简单。她采用了与狒狒相似的行为，运用与狒狒相同的肢体语言，掌握了哪些是狒狒会做的事情，哪些又是它们不会做的事情。她写道："在努力赢得狒狒信任的过程中，我几乎改变了自己的一切，包括走路方式和坐姿，以及运用肢体、嗓音和眼神的方法。我学会了一种完全不同的存在于世的方式，即狒狒的方式。"斯摩丝从狒狒那里学会了它们彼此交流的方式。鉴于此，所以当狒狒开始向她投来凶恶的目光，示意让她走开时，她写道，这反而是巨大的进步：她不再被视为一个需要避开的物，而是一个狒狒可以信任并与之交流的主体，一个示意其离开就会离开、能够与之按照明确规则相处的主体。

哈拉维将这个故事与斯摩丝一篇更新的文章联系起来。在这篇文章中，斯摩丝谈到小狗巴斯马蒂和她建立、整合出的仪式，她认为这属于一种内化的交流。哈拉维评论这种互动是一例尊重关系的典范，词源意义上的"尊重"（respect），即还以目光，学会回应和彼此应答，承担责任。

但我们也可以把这个故事理解为对社会学家加布里埃尔·塔

尔德（Gabriel Tarde）① 提出的交互生理学（interphysiologie）那种极为经验与思辨的环境的一种刻画，那是一种关于身体整合的学问。在这一视角中，身体重拾斯宾诺莎的命题，成为产生影响和接受影响的场所，即一个变化的场所。首先请注意，斯摩丝所展现的确切地说不是蜕变成他者的可能性，而是与他者共同生成（devenir）的可能性；不是像累赘的共情理论提出的那样感受他者的所想或所感，而是在某种程度上接受并创造加入某种交流或亲近关系的可能性，与认同关系完全无关。实际上，那是导致自我变化的某种"举止如"，一种蓄意的伪装，无意充真，也不能充真，或被看作人兽关系中经常被提及的某种浪漫的共生。

而且那远远不是浪漫的和平接触，因为斯摩丝强调，她正是在狒狒开始向她投来凶恶的眼神、让她明白冲突的威胁时才清楚意识到自己取得了进步。冲突的可能及其处理是产生关系的首要条件。

仍然是关于狒狒的灵长类学研究，另一位灵长类学家雪莉·斯特鲁姆（Shirley Strum）② 的著作里记录了使用身体的另一种方式。她在《几乎和人类一样》（Almost Human）一书中写道，自己开始田野研究之初，遇到的问题之一就是得知道当狒狒在场时能用自己的身体做什么或不能做什么。例如，迫切需要小便的时候，这问题就来了。实在不想远远地走开、躲到停靠很远的小卡车后面去小便，因为几乎可以肯定（我听许多研究者讲过他们在田野研究之始的同一担心），就在你短暂离开的当口，会有某件

① 1843—1904，法国社会学家、社会心理学家，现代犯罪学早期思想家。
② 美国生物人类学家，曾在肯尼亚研究东非狒狒达四十五年之久。

有意思且非常罕见的事情发生。因此，虽然难免发怵，但斯特鲁姆决定不去卡车后面小解。她环顾四周，小心翼翼地解开裤子。她说，狒狒们被她发出的声响惊呆了。的确，它们从未见她进食、喝水或睡觉。狒狒固然了解人类，但它们从不与人类靠得很近，估计它们认为人类没有身体上的需求——斯特鲁姆猜测。现在它们发现了真相，得出了某些新结论。后来再次遇到这种情况，它们就再也没有反应了。

　　我们只能基于斯特鲁姆的描述做些思辨。诚然，斯特鲁姆的成功源自现场的诸多因素，源自她的工作、观察力、想象力、阐释力，以及将表面上没有关系的事件联系起来的能力。同样，这一成功也离不开她在与动物建立接触时一贯表现出的分寸感，她提出的问题便证明了这一点：当着狒狒的面小便合乎社会习俗吗？但我仍止不住认为，斯特鲁姆的成功——她与狒狒建立起的这种令人惊讶的关系——或许同样与狒狒那天的发现有关，即她和它们一样拥有身体。根据雪莉·斯特鲁姆和布鲁诺·拉图尔（Bruno Latour）对于狒狒社会及狒狒之间复杂关系的描述，这一发现对狒狒而言可能不是小事。它们并不生活在物质社会中，社会关系的任何方面都无法保持稳定，某一关系稍有变化都会以不可预知的方式影响到其他关系，因此，每个狒狒都必须长期不断地处理、再处理这些关系，以建立或恢复联盟之网。社交任务是一项创造性任务，它意味着日复一日地建立、革新、复原脆弱的社会秩序。狒狒只能使用自己的身体来做这事。所以对于狒狒而言，研究者当着它们的面小便这件看似趣闻的事情或许是个重大事件：这个奇怪的异类个体居然有着与它们在某些方面相似的身体。

这种解释是否成立呢？斯特鲁姆是否在斯摩丝的意义上"社会化"了呢？换言之，让狒狒看到她也有在某些方面和它们相似的身体，斯特鲁姆是否成了狒狒眼中的社会主体？这些当然都只是思辨。

这两个故事还让人想起生物学家法利·莫瓦特（Farley Mowat）[①] 讲述的一个故事。只是这个故事并非来自严格意义上的学术文献，因为莫瓦特的著作一直饱受争议。此外，这个故事在某些方面和前两个故事完全相反。一方面，这主要是一个打破规范的故事，谈不上有真正的、成为一名得体访客的意愿。另一方面，与斯摩丝讲述的故事相比，下面的故事完全颠倒了要求：需要被礼貌地当成社会生物的不是被观察的对象，而是观察者。

莫瓦特的故事始于 1940 年代末。当时，他应邀执行一项考察任务，研究狼群捕食驯鹿带来的影响。这项田野工作是一次严峻的考验。为了观察狼，莫瓦特独自在一群狼的领地中央扎营，待了相当长的一段时间。按照斯摩丝提及的规则，他小心翼翼，尽量不打扰狼群。但是随着时间的流逝，莫瓦特越来越受不了被狼群无视。他根本不存在。狼群每天都视若无睹地从他的帐篷前经过。于是莫瓦特开始想办法迫使狼群认可他的存在。他说，那唯有以其狼之道还治其狼。也就是标记一片领地的所有权。一天夜里，利用狼群外出捕食的机会，他开始行动。他花了一整夜，喝了好几升的茶……到了黎明时分，狼群标记过的每棵树、每个灌木丛和每一团草现在都被他重新标记了。他不安地等待狼群回来。和往常一样，狼群熟视无睹地走过他的帐篷，直到其中一头

---

① 1921—2014，加拿大作家，环保主义者。

立定不走，惊奇万状。犹豫了几分钟，这只狼折返回来，坐下，死死盯着莫瓦特，盯得他心里直发毛。极度恐惧之下，莫瓦特决定转身背对它，以向它表明这种凝视违反了最基本的礼仪。于是这只狼开始系统地巡视该区域，并精心地在人类留下的每个标记上留下自己的标记。莫瓦特说，从那一刻起，我的这块飞地就获得了狼的认可。狼和人，从此经常轮流从自己领地的一侧重新标记边界。

抛开相反之处，这些故事都反映出一种非常相似的体制，在这一体制主宰的情境中，个体要么学会要求另一物种尊重自己看重的某些东西，要么学会回应另一物种的这种要求。这就是此类科学研究具有非凡且独特魅力的原因。要了解观察的对象，首先要学会**认识自己**。

关于本章

按塔尔德的想法，他所说的"交互生理学"应成为心理学的基础，更确切地说，一种"交互心理学"的基础。塔尔德偏爱的一个例子是伴随宿主植物生长的野生植物。这种交互生理学涵盖了宿主—寄生物的关系，这在我看来是一个好兆头，能避免我们仅将例子与相关解读局限于某些不言而喻的和谐关系。Gabriel TARDE, « L'inter-psychologie », *Bulletin de l'Institut général psychologique*, juin 1903。

唐娜·哈拉维对芭芭拉·斯摩丝研究的分析来自这本书：Donna HARAWAY, *When Species Meet*, University of Minnesota Press, Minneapolis, 2008。

雪莉·斯特鲁姆讲述的田野故事出自：Shirley STRUM, *Almost human*。读者还可以参考：Farley MOWAT, *Never Cry Wolf*, Bantam Books, New York, 1981。该书初版于 1963 年，而且已经被译成法文（*Mes Amis les loups*, Arthaud, Paris, 1974）。我在介绍身体对于狒狒的重要性时提到的雪莉·斯特鲁姆和布鲁诺·拉图的研究发表于这篇论文：Shirley STRUM et Bruno LATOUR, «Redifining the Social Link: from Baboons to Humans», *Social Sciences Informations*, 26, 4, p. 783—802。

D：Délinquants—罪犯
动物会造反吗？

　　圣基茨岛是加勒比海上的一座小岛。在该岛海滩上，人类与青腹绿猴（*Chlorocebus pygerythrus*）共享阳光、沙滩乃至朗姆酒调制成的鸡尾酒。"共享"一词应该忠实反映了猴子们对这种局面的理解，但试图保护自己饮品的人类估计不那么想。他们的阻止成效甚微；对手们一副不达目的誓不罢休的气势。说起来猴子们的习惯由来已久。它们和被送来从事朗姆酒制造的奴隶一起来到岛上，之后便在酒精中沉醉了近三百年。它们在田间捡食发酵的甘蔗，尝到了酒精的滋味，上了瘾。如今，偷酒代替了拾荒，这些猴子给人们长久以来所称的"社会祸患"注入了新的内容，让人防不胜防。

　　有失亦有得，这些猴子也应当给我们带来些教益，或者解决我们的某个问题。记录该现象的视频所激发的评论以这种或那种方式指出了这一方向。于是，加拿大医务委员会（MCC）和圣基茨岛行为科学基金会共同发起一项研究，向 1000 只圈养的猕猴慷慨发放了各种饮品。统计数据在手，研究人员得出结论，猴子中饮酒者所占的比重与人类的情况非常接近：一方面，大部分受试猕猴似乎更喜欢果汁和汽水，对鸡尾酒不屑一顾；而在余下的猴子当中，12％是适度饮酒者，5％会喝到烂醉，趴在地上起不来。雌性猕猴喝酒比例较低，而一旦不幸沉迷于饮酒的恶习，它们更喜欢含糖的酒类。在酒精影响下，猕猴的行为也与人类相仿。喝了酒的猕猴在社交场合，有些变得愉悦、调皮，有些愁眉苦脸，还有一些寻衅滋事。研究人员根据它们的习惯，把适度饮酒的猕猴称为"合群饮酒者"。这些猴子喜欢在中午 12 点至下午 4 点之间饮酒，而不是在早上饮酒。至于见了酒就不要命的那些，它们从一大早就开始喝，明显偏爱与水混合的酒类而不是含糖的酒类。而且，如果研究人员仅在较短的时间窗口内向它们开放酒精，它们就会更快地把自己灌醉，直至不省人事。研究人员发现这些酗酒猕猴还会霸占酒瓶不放手，拒绝与同伴共享。研究人员告诉我们，这些习性都与人类相似。因此，他们总结说是某种遗传因素决定了饮酒的习性。这可真是个好消息，终于有了一个能让我们摆脱所有不必要地把问题复杂化的琐碎细节的解释，什么咖啡啦，周末、月末和临睡前啦，什么忘却烦恼啦，狂欢、寂寞、贫困啦，什么最后一杯、倒数第二杯啦，以及朗姆酒制造业、奴隶制、移民和殖民化的历史啦，失去自由的烦恼啦，等等，等等。

回到动物犯罪的话题。在世界各地，"问题动物"的案例越来越多。它们的违法行径，有的让人发笑，有的则以悲剧收场。沙特阿拉伯的狒狒闯入民宅洗劫冰箱有悠久的历史传统，它们是臭名昭著的入室劫匪。至于扒窃，2011 年 7 月 4 日的《卫报》上曾刊登一则消息，印度尼西亚某国家公园的黑冠猕猴（*Macaca nigra*）偷走了摄影师大卫·斯莱特（David Slater）的相机，在拍摄了一百多张照片后——拍的主要是它们自己——才物归原主。还有敲诈勒索，也发生在印度尼西亚，巴厘岛乌鲁瓦图庙里的猴子会偷走游客的相机和背包，游客要想拿回自己的财物，只能用食物来交换。总的来说，在游客经常光顾的地方，动物盗窃案数不胜数，某些情况下还伴随着对游客的攻击。

另一些事件则不幸得多。近年来，人们注意到大象的行为突然发生了变化。例如，有些大象袭击了乌干达西部的村庄，并多次封锁道路阻止通行。人象之间的冲突历来存在，特别是涉及空间或食物的竞争。但是，这次情况并非如此：发生这些事件时，食物很丰富，大象数量也不多。而且在非洲其他地方也发生了类似的情况，观察者都说大象不再像 1960 年代那样行事了。有些科学家认为，这反映了象群内部幼象的社会化进程遭破坏后一代"少年犯"大象的兴起，这种破坏是近二十年来日益严重的偷猎行为、甚至是由野生动物管理方推行的扑杀行动导致的。在这些名为"种群调控"的行动中，人们根据一种可商榷的选择——当然，任何选择都可商榷——扑杀了许多象群里最年长的雌性大象，却没有意识到这会给象群带来灾难性的后果。另一些旨在解决局部地区大象过饱和的问题，而将若干幼象迁移至其他地区组建新象群的策略，初衷良好，但也都产生了类似的后果。因为在象群中，雌性头象起着至关重要的作用。它们是象群的活记忆，是象群活动的监管者，它们传递自己的所知，尤其对于维持象群平衡至关重要。遇到其他大象时，雌性头象能够通过声音签名来识别它们是否属于某个更大或更远的象群，并对如何会面发出指示。雌性头象做出决定并在象群中传达后，象群就会平静下来。1970 年代初，人们在南非某个自然公园中重新组建的年幼象群几乎全军覆没。尸检时发现这些大象都患有胃溃疡以及通常与压力有关的病变。因为唯有雌性头象才能确保幼象的正常发育和平衡，没有雌性头象，它们无法独自应对。

因此，当大象无缘无故地开始攻击人类时，有人提出了这一假说：大象没能掌握以往象群中漫长的社会化进程所养成的基本参照系和能力。在相近的思路上，有些研究人员提出，这些大象像某些人类一样，深受创伤后应激障碍（PTSD）的困扰。这种疾病使大象无法管理自己的情绪、无法面对应激、控制暴力。我们看到，这些假说在动物行为与人类行为之间织起一张越来越紧密的类比网络。

读完杰森·赫日巴尔（Jason Hribal）① 的最新著作，我们也许可以考虑另一种解释。赫日巴尔关注的是动物园和马戏团里长期被冠以"意外"之名的事件，这些事件尤其涉及大象。他认为，这些动物袭击、伤害甚至杀死人类的"意外"实际上是一种造反，更具体地说，是动物对所受虐待的**反抗**。赫日巴尔甚至进

---

① 独立历史学家。

一步指明，这些行为实际表明动物在粗野的外表下隐藏着一种道德意识（☛ J：Justice—正义）。

又一次，我们看到，人与动物的类比主导了叙事。过去所谓的"意外"在今天看来是可以理清并理解动机的蓄意之举的结果。不要忘记"意外"一词在马戏团或动物园环境中的意涵。这一措辞一方面当然可以安抚公众，用事件的特殊性打消他们的担忧，另一方面，它还囊括了所有不须用真正意向解释的情境。但是，被称为"意外"的，还有那些我们觉得可以断定是由动物本能所引发的事情，这当然也排除了动物可能具有意向或动机的想法（☛ F：Faire-science—搞科学）。

赫日巴尔以反对、愤怒、反抗或主动抵抗等措辞对"意外"的转译并无新意。它们固然自 19 世纪末以来罕见于科学家之口，但仍可从驯兽师、养殖者、保育员、动物园看守等"普通的非科学人士"那里听到，并在最近一个看似解读方式毋庸置疑的案例中登堂入室。2009 年初，一些照片在网上流传，随后成为几份报纸的头条，引起了热议。斯德哥尔摩北部弗鲁威克动物园里的黑猩猩桑迪诺（Santino）养成了向过路的游客丢掷石块的恶习。更令人惊讶的是，关注到这个故事的研究人员发现，桑迪诺对此做了精心准备。它从笼子里靠游客的一侧收集石块，一般是早上游客到达之前完成，然后把石块藏起来。而在动物园闭园的日子里它不会这样做。如果石块用完了，它就用笼子里的水泥猴山自己造。研究人员认为，这是相当成熟的认知能力的证明：提前预判的能力，尤其是做未来规划的能力。毫无疑问，桑迪诺运用了这些能力来表达它的不满。

在黑猩猩群体之间的打斗中，研究人员早已观察到它们将石块用作投掷武器。黑猩猩很会就地取材,经常看到它们收集自己的粪便互相投掷——的确,这通常是黑猩猩在动物园中可找到的唯一武器,不过它们在野外也会这样做。有时,它们便以此"招待"陌生同类,甚至陌生人类。许多研究人员都享受过这样的待遇。

罗伯特·穆齐尔(Robert Musil)[①] 说科学将某些恶习转变成了美德:抓住时机、耍心思、利用最小的细节以获得优势、像机会主义者一样逆转与再转译等。如果有哪项研究当得起这一描述的话,那一定是威廉·霍普金斯(William Hopkins)及其同事的研究。我不知道是否有必要补充强调霍普金斯的研究表现出了一种为知识而奉献的精神,只要了解他的研究设计就能完全明了这一点,要知道,他的研究可是持续了将近二十年啊!

霍普金斯感兴趣的问题与"我们人类"有关——事实上,对于黑猩猩的实验研究绝大部分都是如此。往大里说,它是揭晓人类起源之谜这一宏大计划的一部分,往小里说,它探究的是人类在演化过程获得的某些习惯的起源。具体到霍普金斯的项目上,他研究的是右利手的起源——大部分人类偏爱使用右手。一个细节而已。然而关于这个"细节",存在几种不同的假说。霍普金斯想要证明的一个假说认为,使用右手的习惯是随着某些用于交流的手势而形成的。而向目标投掷东西,也即瞄准一个目标,这不但牵涉到负责有意识交流行为的神经回路,而且还要求能够精确同步空间和时间信息。因此,这一动作会唤醒对语言习得至关

---

① 1880—1942,奥地利作家、剧作家。

重要的神经回路。换言之，投掷对于左脑在交流活动方面的专化可能是一个决定性因素。黑猩猩被请来验证以下问题：既然它们在物种演化的序列上"就排在我们前头"，那么它们也是右撇子吗？如何说服黑猩猩来回答这个问题？你猜到了，利用它们喜爱扔东西的习性。和黑猩猩初次接触时它们投掷粪便的糟糕习惯并未逃过研究人员的法眼。

的确是一个糟糕习惯——直到它恰恰成为了通往知识的康庄大道。二十年！近二十年里，研究人员任由黑猩猩向他们扔屎，以惊人的牺牲精神收集了大量数据，以期有朝一日解开人之所以为人的奥秘之一。研究始于 1993 年，观察对象是耶基斯灵长类研究中心圈养的黑猩猩，十年后范围又扩展至得克萨斯大学癌症研究中心的黑猩猩——顺便提一句：鉴于黑猩猩在这家研究机构的遭遇，我们可以想象它们对研究人员的实验方案煞是欢迎。

研究人员观察到有 58 只雄性黑猩猩和 82 只雌性黑猩猩至少投掷了一次，但最后只采纳了 89 只个体的数据：为确保结果的可靠性，只有投掷至少六次的黑猩猩才会被纳入统计。研究持续那么多年，而每只黑猩猩都至少扔了六次，显然，这远远超出了初次接触的规模，除非我们假设研究人员招募了一群人来扮演陌生人——研究报告中并未提及此事。的确，黑猩猩也会在其他情况下投掷粪便，尤其在争吵之时，或者当它们想要吸引某个心不在焉的人或黑猩猩的注意的时候。科学家能在多种场合观察到这一行为。但是，我们还可以提出另一个假设，即黑猩猩明白了研究人员对它们的期望，所以并未拘泥于初次接触的情境，慷慨地配合了研究人员。天知道所有可能的理由中究竟是哪些唤起了它们的积极性……

从 1993 年到 2005 年,研究人员共观察到 2450 次投掷,而这只是以研究人员为对象的投粪事件的一部分,因为那些不怎么投粪、偶发性投掷者的数据并不包括在内。

他们的付出无疑是值得的,结论很明确:在扔屎这件事上,大部分黑猩猩都是右撇子。

关于本章

读者可以在 Youtube 视频网站上观看猴子饮酒的视频。有关猴子饮酒的文章,可参见 noldus. com 网站。如需更详细的信息,如研究规程,还可在 ncbi. nlm. nih. gov 网站上检索。在稍后章节还可读到对结果展示方式的批判(☞ Y:Youtube—Youtube 视频网站)。

有关动物"造反"假说,请参见:Jason HRIBAL, *Fear of the Animal Planet: the Hidden History of Animal Resistance*, Counter Punch et AK Press, 2010。

引用的罗伯特·穆齐尔的话出自《没有个性的人》。转引自:Isabelle STENGERS, «Une science au féminin?», in Isabelle STENGERS et Judith SCHLANGER, *Les Concepts scientifiques*, Gallimard, Paris, 1991。

在 userwww. service. emory. edu 网站上可以找到让黑猩猩们扔屎的威廉·霍普金斯的著作清单。其中部分篇目可以下载。

E：Exhibitionnistes—表演者
动物会像我们看它们一样看待自己吗？

哲学家、驯犬师和驯马师维姬·赫恩（Vicky Hearne）[1] 在题为《不服从的红毛猩猩》这篇精彩的文章中写道，当她问鲍比·贝罗西尼（Bobby Berosini）[2] 是什么激励了他的红毛猩猩工作时，后者回答说："我们是演员。**我们**是演员。您明白我的意思吗？"

首先，这里出现了"我们"。的确，贝罗西尼的表演形式利于"我们"这一人称的使用，表演的各个场景不停地模糊角色和身份。当节目开始时，贝罗西尼告诉观众，经常有人问他如何让红毛猩猩做事。他说他的回答是"您必须让它们明白谁才是头"。

---

[1]　1946—2001，她同时还是诗人、作家。
[2]　美国马戏演员，曾被拍到殴打他的红毛猩猩，被动物保护组织告上法庭。

他提出向观众展示一下。贝罗西尼喊来红毛猩猩鲁斯蒂（Rusty），要它跳上凳子。鲁斯蒂看着贝罗西尼，显出完全不明白的样子。于是贝罗西尼拼命用手势向鲁斯蒂示意，鲁斯蒂却显得越来越困惑。最终，贝罗西尼决定亲自向它展示，自己跳上凳子……鲁斯蒂邀请观众为贝罗西尼的举动鼓掌。整个节目便由这样一系列的反转和颠倒组成，尤其是在红毛猩猩坚决拒绝表演成功后奖励给它们的曲奇饼干的时候，它们坚持要把饼干分发给观众，甚至强迫贝罗西尼自己吃下。

"我们是演员。"组建"我们"的方式有很多，我们每天都在不停地经验，有成功亦有失败。如何理解贝罗西尼表演之后产生的这一"我们"呢？首先可以设想驯养关系对于获得这种共同的感受性近水楼台。在其他情况下，这一假设也许切中肯綮，但在此处并不适用。驯养意味着人类和动物在一个成为养殖者一个成为家畜的漫长过程中共同变化。红毛猩猩并不是家畜。然而"野生"一词似乎也不怎么合适。或许这些红毛猩猩与它们的教练贝罗西尼可以称作"同伴物种"，甚至可以为唐娜·哈拉维提出这一美丽的称谓所依据的词源拓展出新的意义：*cum-panis*（拉丁语：伙伴）不仅仅是"共享面包"，而且还"共挣面包"。所以，将贝罗西尼和红毛猩猩涵盖一处的"我们"或许是由共同"做事"（☞ T：Travail—工作）生发而出。这很可能就是事实。

但是，贝罗西尼和红毛猩猩的案例还包含另一个维度。让他们聚集在一起的工作并不是普通的工作，而是一种戏剧化（spectacularisation）、表演性的工作。因此，贝罗西尼搬上舞台并通过演出所展现也许是这种称"我们"的可能性中的一种特例，源自表演的特殊经验，即：视角交换的可能性。

关于这一点，我们得再谈一谈。首先，被我归为**一般表演**的特点可能只是贝罗西尼所选那类剧本的后果。"不服从的红毛猩猩"把这种视角交换的体验推向极致，因为每个参与者在玩笑和角色颠倒中不断被要求交换到对方的角色当中，猩猩成为驯兽师，驯兽师则落到猩猩的位置，弄不清楚到底谁控制谁。双方都投入到这个明显假装的游戏里，就像盎格鲁-撒克逊人所说，"穿上别人的鞋子"，从另一方的视角出发去经历当下。但是，难道我们就不能认为，贝罗西尼的这个剧本只是把表演本身的某种可能性，即采用某人或某些人视角的能力，推向极致吗？从被扮演者的视角、从表演对象的视角，或者从要求表演之人的视角？

其次，更成问题的是，动物园或马戏团里抛头露面的许多动物，甚至绝大多数，显然每天都在经历"它们"和"我们"之间痛苦的分野（☞ D：Délinquants—罪犯；☞ H：Hiérarchies—等级）。因为它们是非人类的动物，所以就被关起来，被展示，被公众观看，被迫做一些明显让它们不感兴趣、让它们痛苦的事情。在这些故事里，没有"我们"，更没有视角交换的可能——如果人类真有视角交换的能力，那么这些动物就不会被关在那里。我对此表示同意。但是我也希望我们不要忘了那些无疑更加特殊的情况，它们反过来让"我们"的出现和视角交换成为可能。在上文提及的结果反转里就能看到此类情况：动物产生了兴趣，并很明显"沉浸其中"——这是一种表示它们感到幸福的方式，一种与我们所谓的"幸福"应该区别不大的"幸福"。

表演的情境如何能促成视角的交换并产生"我们"之概念呢，哪怕只是部分的、局部的、且始终不过是临时的"我们"？通过一些养殖者、驯兽师，以及和动物进行敏捷性操练之人的讲述，我感到表演也许会诱发、激发或唤起一种特殊的能力，即**想象能够用他者的眼睛观看自己**。值得指出的是，这种能力契合视角主义（perspectivisme）的一个狭义定义，即指人们看待自己与世界以及与他人之关系的方式。其他文化传统也有其他方式。根据人类学家爱德华多·维维罗斯·德·卡斯特罗（Eduardo Viveiros de Castro）①对美洲印第安人的研究，这些民族认为动物有一种像人类看待自己一样看待自身的方式：美洲豹自视为人，比如，人类所谓的它的猎物的"血"，美洲豹视之犹木薯啤酒；人类眼中美洲豹的皮毛，它们视如自己的衣服。

在这种狭义层面上把动物视为视角主义者，为解答所谓"心灵主义"的旧问题开辟了一个全新的途径。动物"心灵主义者"是那些能够认为他者亦有意向的动物（☞ B：Bêtes—蠢动物；☞ M：Menteurs—欺骗者）。科学家认为，这项能力基于自我意识的能力。而且他们还认为，自我意识可以通过实验来测试，即镜像认知实验（☞ P：Pies—喜鹊）。简略言之，能够在镜子中识别自己的动物就可被（这次是科学家）认为具有自我意识。它们随即可以接受另一项测试，以证明自己掌握了更高级的能力，能够意识到他者脑袋里的想法与自己的想法不同，从而能够猜测他者的意向、信念和愿望。

我很欣赏设计镜像实验的科学家的巧思、耐心和才华，但我始终为所选测试几近成为唯一的标准而感到困惑。诚然，能让动物对我们人类感兴趣的事物也感兴趣，这当然很有意思。但是，一方面，刚才这句话里提到"我们"是不是太轻率了？"我们"

---

① 巴西哲学家、人类学家。

人类都对镜子感兴趣吗？或许那只是一个注重内省、自我认识，纠结于自反性的文化传统定义与自我的关系的独特方式？另一方面，放到一个更广的层面上，镜像测试不仅纯粹是视觉问题，而且还假定认识自我就是以唯我论的方式来识别自己。似乎只需通过与自身的镜像式交流即可达致自我意识。但总而言之，镜像测试的意义如此不言而喻，终究在这个问题上拥有着决定性的地位。然而，那些镜像实验的"弃儿"，那些镜子对它们来说没有意义或引不起兴趣的动物，难道不应该以其他方式重新评价它们吗？

我就表演所提的问题旨在让我们重新思考这种可能性。因为表演可以激发、赋予、诱导、生成某种特殊的视角类型，所以在我看来，更适合用来定义（并更慷慨地赋予）某种维度的自我意识，不是定义成认知的过程，而是互相联系的过程。

可以察觉到，这种能力与通过自我展示而思考自我，即以他人视角自视的能力形成完美互补。掩藏自我与展示自我是互补关系，而非我们可能以为的正反关系。因为它们确实关系到同一种能力，那种动物躲藏时明确知道自己在躲藏的能力：**它能模拟他者看见自己**，因此才能想象或预测躲藏的效果。躲藏时知道自己在躲藏，即是从另一方面反映了一种成熟的采用他者视角来看自己的能力："从他所处的位置看不到我。"躲藏时知道自己正在躲藏的动物具有视角交换的能力；而展露自己的动物，其机制就更加复杂，因为跳出了看见/看不见的框架，涉及要被看见什么的问题：展示者需要操控展示效果（☛ O：Œuvres—作品）。

回到作为实现视角交换之情境的表演上来：如何确认某一动物正在积极表演、实践这一能力呢？我的回答可能会令人惊讶：

照料该动物的人说是就是。这一看法尤其来自对维姬·赫恩有关驯兽师工作的著作的阅读，以及和约瑟琳·波切①一起对养殖者的调查。因为在这个调查中，我们注意到，当我们询问的养殖者说起动物参与的竞赛时，他们的描述体制明显是视角主义的，而且似乎接近维维罗斯·德·卡斯特罗所定义的视角主义。

因为在这些情况下，养殖者认为他们的动物能够审视自己，**就像若是在它们的位子上我们人类会自我审视一样**。有些人，如葡萄牙养殖者阿卡西奥·莫拉和安东尼奥·莫拉就不惮宣称，他们的牛因为不断参加竞赛，"最终会相信自己确实与众不同"。前者略显严厉地补充道："它们最终也许会相信自己很漂亮，认为自己是女明星。"还有比利时和法国的养殖者表示："我有一头参加比赛的公牛，它知道自己一定很帅，因为当你给它拍照时，它会立刻抬起头来，就好像在摆出拍照的姿势，就像明星那样。"保罗·马蒂和贝尔纳·斯特凡尼也证实，动物知道并积极参加了自己的表演："这头母牛是一位明星，它的举止很有明星范，就像是一个参加时装秀的人，给我们留下了深刻印象〔……〕。在领奖台上，这头牛看着大家，它站在自己的位置上，那边是观众席，它就那样，这边有摄影师。它看着摄影师，然后慢慢地，伴随着人们的掌声，它转过头，看着鼓掌的人群〔……〕。那场面，简直可以说它明白自己必须这样做。那真是美极了，因为非常自然。"

养殖者们的讲述——类似的话我也从驯犬师那里听到过——可以概括如下：动物和人类在彼此重要的事情上达成共识，并把

---

① 法国畜牧学家，饲养社会学家。

对方的要事化作了自己的要事。

我知道，这些证词会引起一些嘲笑。这些嘲笑延续着一段悠久的历史：长久以来，在认识动物这方面，科学家顽固否定对手们的知识，对动物爱好者、养殖者、驯兽师，对他们所纠缠的"趣闻"、不知悔改的拟人倾向嗤之以鼻（☛ F：Faire-science—搞科学）。这些嘲笑也是冲着我来的，因为我方才说判断动物使用视角交换能力、积极表演的标准是**照料该动物的人说是就是**，愚蠢地引出了这个话题。

的确，实验科学家里很少有人认为实验动物会积极地表明它们愿意配合并且知道如何去做安排给它们的任务。很好理解。因为，如果实验心理学家开始考虑这种可能性，那么他们将不得不承认，这些动物并非只是在"反应"或条件反射，而是应要求展示出它们的能力（☛ R：Réaction—反应）。在大多数实验室中，都是科学家在做**关于**动物的展示，动物自己什么都不会展示。因此，条件反射实验——以之为例——可以属于某种展示，但不是表演。这也就是为什么在此类实验中不存在能够进行视角交换的主体。

贝罗西尼和他那些要重新分配曲奇饼干的猩猩们嘲讽的正是这一点。这出对于搬起石头砸自己的脚条件反射实验的戏仿，重新把强化当动机的问题摆了出来。因为在条件反射实验里，食物奖励的作用本是彻底解决"它们为什么这样做？"这一问题。大致上，奖励遮蔽了复杂解释的整个光谱，其中包括能促使研究者思考导致动物对其任务感兴趣的缘由的解释，极大地限制了视角（☛ L：Laboratoire—实验室）。换言之，食物奖励这一动机对视角交换而言不啻釜底抽薪。

当我提出识别基于视角交换能力的表演性情境的标准是照料该动物的人的说法时,我完全无意造成一切都系于主观判断或阐释的印象。因为如是描述,不仅体现了描述者的某种介入,也会吸引和改变那些被这一描述吸引而至的人,那些在一个全新范畴中认同这一描述的人。从这个意义上讲,我用"描述"一词来表达的情况对应一个人们已经接受、现可用于指称这一接受的命题。

科学家若将实验室设计成表演场所或许会更有意义。这样,科学实践的公共维度(这一维度通常体现为论文的发表)将得以切实呈现,并同时获得一种美学维度。传统实验单调枯燥的重复性规程,或可以充满创造性的新测试取代。科学家精心设计,向动物提供可能引起它们兴趣的任务,动物得以**展示出它们的能力**。研究人员将探索新的问题,那些为研究对象接受的问题,唯此它们才有意义。于是每次实验都将成为一场真正的表演,要靠技巧、想象力、关心和专注——优秀驯兽师的重要品质,可能优秀艺术家也一样(☞ O: Œuvres—作品)——才能完成。

我刚才的表述中用了条件式,会让人感觉这类实验室仍然有待问世。其实它们已经存在,本书会提到一些。有些与我的描述很相似;但是我无法保证这些实验室里的研究人员能看出来。但容我再说一次,这正是我给予"描述"的地位:始终有待接受情况检验的命题。

关于本章

维姬·赫恩引用贝罗西尼的语句出自:Vicky HEARNE,

Animal Happiness, Harper et Collins, New York, 1993。请参见题为"The Case of the Disobedient Orangutans"的一章。

爱德华多·维维罗斯·德·卡斯特罗写有多篇有关视角主义的文章，译成法语的有：Eduardo VIVEIROS DE CASTRO, «Les pronoms cosmologiques et le perspectivisme amérindien», in Éric ALLIEZ, *Deleuze, une vie philosophique*, Les Empêcheurs de penser en rond, Paris, 1998。爱德华多·维维罗斯·德·卡斯特罗的其他研究，请参考本书"V：Versions—译为母语"部分。

养殖者及其他人的口述可参阅：Vinciane DESPRET, Jocelyne PORCHER, *Être bête*, Actes Sud, Arles, 2007。

至于一流的表演者，以及积极看待动物的表演癖好与实验之表演维度的实验室，请看心理学家艾琳·佩珀伯格（Irene Pepperberg）及其鹦鹉亚历克斯的例子（☛ L：Laboratoire—实验室）。

F：Faire-science—搞科学
动物有荣誉感吗？

　　直到现在，孔雀的行为还很少引起科学家的兴趣，即使有，这些兴趣也更多地集中在孔雀的尾巴上，而不是孔雀的社交规则或认知能力。毫无疑问，孔雀自身要为此略负责任，是它们把自己的关切灌输给了研究人员。不算与吸收光线产生闪亮色彩有关的物理问题，孔雀尾巴的开屏引起了许多争论：演化为什么没有淘汰这种归根结底会严重影响其拥有者的笨重的装饰？这便是所谓的"演化悖论"。达尔文并不怀疑动物有审美，他会回答：外表最美丽的雄性会得到雌性的偏爱，从而将这种特征遗传给后代。但在他之后的科学家乏味许多，他们不认为这一属性——不管它多美丽——能引起任何审美的悸动。不过，考虑到这一属性必定有其用途，他们认为，其作用是向雌性展示雄性活力和健康程度（☞ N：Nécessité—需求）。

以色列动物行为学家阿莫兹·扎哈维（Amotz Zahavi）[1]从另一角度思考这个问题，提出了不同的解释。他说，必须回到孔雀开屏确实是一种不利条件（handicap）这一原点。开屏当然是一种负担，容易导致开屏者被掠食者发现，严重危及逃生的可能性。但是，如果拥有漂亮的孔雀屏并因此陷入不利境地的雄性孔雀能够幸存下来，那就说明它很有一套。雌性要是明智的话，就该选一个"障碍严重"的雄性来当后代的父亲——没有比悖论更能解决悖论的了。换言之，让雄性孔雀陷入不利境地的艳丽尾羽，对开屏对象来说，是一种可靠而明确的宣传。

但是有些观察者发现，有时候雄性孔雀对于它们的开屏对象并不挑三拣四。达尔文曾谈及一个奇怪的场景：一只孔雀努力地对着猪开屏。他的评论符合他对动物审美的信念：雄性喜欢表现出自己的美丽（原文如此），这只雄性孔雀显然需要观众，无论它是孔雀、火鸡还是猪。

在随后的岁月里，达尔文这种假说从博物学的舞台上完全消失了。动物行为学创始人康拉德·劳伦兹就相同现象提出了完全不同的解释。孔雀开屏被定义为与其特定内部能量有关的固有行动模式（pattern）。更明白地说，这一行为是先天的，是一系列按固定次序发生的行为和反应的一部分。受特定内在能量作用，动物进入求偶阶段，开始本能地寻找对象；找到后，对象便如刻板行为"先天触发机制"那样开始作用。在没有适当刺激的情况下，能量会累积并最终向空（in vacuo）"爆发"（孔雀开屏）。在

---

[1] 1928—2017，进化生物学家，"不利条件原理"（handicap principle）的提出者。

上述例子中，"向空"刚好是对着一只猪。

社会学家爱琳·克里斯特（Eileen Crist）提醒我们注意这种解释模型，尤其要注意两种解释之间的差异。一方面，达尔文的解释为我们呈显的是一只对其荒唐行径负全责的动物，有自己的审美，以及相关的动机和意向，一只主动行动，甚至会误选开屏对象的动物，总之，不时会让我们感到意外；而另一种解释呈显的则是受某种不可控的法则驱动的生物机器，其动机可以像一套几乎自动的管道系统那样画成图纸。动物受各种力量"驱动"，某些虽是内部力量，却不受动物控制。两种描述之间的差异似乎照搬了爱沙尼亚博物学家雅各布·冯·乌克斯库尔（Jakob von Uexküll[①]，☛ U：Umwelt—周围世界）在海胆和狗之间发现的区别：当海胆移动时，是由它的管足驱动；而当狗移动时，则是狗在迈动它自己的腿。

达尔文和劳伦兹之间的反差也见于其他人，并不是这两人独有。后来的学者注意到 19 世纪的博物学家极为慷慨地赋予动物主观性，他们把这称为"无节制的拟人倾向"。那一时期博物学家的著作里记载了很多故事，认为动物拥有情感、意向、意志、欲望和认知能力。至 20 世纪，这些故事就只能在非科学人士即"爱好者"的著作和记录中读到了，他们大都是博物学家、保育员、驯兽师、养殖者和猎人。而科学家著述的主要特点则是拒绝各种"趣闻"，排除所有形式的拟人倾向。

因此，围绕动物的科学实践与非科学实践之间的这种反差是相对晚近的情况。它形成于两个不同的研究领域，而且是分两个

---

① 1864—1944，博物学家、生物学家，当代动物行为学先驱。

阶段。第一阶段是 20 世纪初，动物心理学家将动物带入实验室，他们当时试图摆脱意志、精神或情感状态等含糊不清的解释，并抛弃动物可以对处境抱有想法并做出阐释的观点（☞ L：Laboratoire—实验室）。

第二阶段稍晚，主要因为康拉德·劳伦兹。在我们的印象中，劳伦兹是一位待动物如己出的科学家，他与自己的灰雁或鸭子一起游泳，与自己的寒鸦交谈。这个形象符合他的日常实践，但是和他的理论工作相差甚远。从劳伦兹提出的理论命题开始，动物行为学就坚决地走上了科学道路。步其后尘的动物行为学家认为动物只会"反应"，没有"感受和思考"的能力，并排除了所有将个人主观经验考虑在内的可能性。动物失去了一种对构成关系来说堪称基本条件的能力，即让拷问它们的人"意外"的能力。一切都变得可以预测。"原因"取代了诸多行动的理由——无论它们是合情合理还是异想天开。"主动行为"的概念消失了，取而代之的是"反应"（☞ R：Réaction—反应）。

如何理解劳伦兹的实践基于——且催生出——许多关于动物驯养、恰恰意外连连的有趣故事，可他开创的动物行为学理论却是如此乏味、机械论的味道如此浓厚呢？

部分答案可到动物行为学成为独立学科的过程中去寻。劳伦兹希望在大学里创建一门科学学科，只有学习了该门课程的人才能自诩掌握了相关知识。然而，其他非学术人士同样可以自称动物专家，这些"爱好者"包括猎人、养殖者、驯兽师、保育员、博物学家等，他们有类似的实践，对动物也非常了解，只是没有真正的理论。劳伦兹试图赋予其正在建设的知识领域以合法性，于是把有关动物的知识"科学化"。动物行为学因而成了一种研究动物行为的"生物学"，本能、不变的决定机制和可用因果关系阐述的先天生理机制变得尤为重要。与竞争对手的关系越是接近就越是要彻底划清界限，何况相当一部分科学知识大量参考了"爱好者"的经验，令人对这种近邻关系更觉芒刺在背。总而言之，**要把动物从常识中夺过来。**

劳伦兹的后继者忠实地遵循着由此设定的计划。作为疏远那些声称了解动物（且拥有相关知识）的"爱好者"的操作，"搞科学"的策略逐渐转译为一系列规则。拒绝"趣闻"（"爱好者"的陈述里充斥着此类故事），尤其是对拟人倾向疑神疑鬼，成了表明自己是一门真正科学的标志。因此，继承这一历史的科学家对任何赋予动物动机的做法都表现出强烈的不信任。当动机具有一定复杂性，甚至更糟，类似人类在此等情势下会有的动机时，他们就更是如此。在这类情况下，动物本能就成为完美的原因，因为它避免了一切带有主观色彩的解释，它既是生物学原因，又是动机，而且这一动机完全不为其主体所知。简直找不到比它更管用的了。

这意味着"拟人倾向"这一指控并非或并非总是针对将人类能力赋予动物的做法，而是针对其所由实现的流程。换言之，比起对某种认知流程的描述，"拟人倾向"首先是一种政治指控，"科学政治"指控，其首要目的就是批倒科学实践力图摆脱的某种思想或知识模式，属于"爱好者"的模式。

上述观点促使我们重新思考那些拟人倾向的指控，以对之提出其他问题。这一指控是为了保护谁呢？我们不了解习性，而过多或错误地以己度之的动物（☛ U：Umwelt—周围世界）还是为了捍卫立场、研究方式和职业身份？

我建议再次以以色列动物行为学家阿莫兹·扎哈维为例来探讨第二种假设的可能性，并将其进一步深化。上文简短地提到了扎哈维对孔雀开屏之谜的解释，但实际上扎哈维并不研究孔雀，而是研究一种非常特殊的鸟类，阿拉伯鸫鹛（*Turdoides squamiceps*）。他在内盖夫沙漠中观察它们达五十多年。正是通过研究这些鸟，扎哈维提出了"不利条件原理"，他用该原理解释的对象除了孔雀还有许多表现出夸张行为的动物。不利条件原理认为，某些动物在竞争情况下会采取某种高代价行为以显示自身价值（用扎哈维的话说"它们的优势"）。重申一下，拥有某些属性使动物成为掠食者的首选目标，这是一种高代价行为，或者说不利条件；动物倘能幸存，便说明它很有一套生存本领。

阿拉伯鸫鹛是一种相当隐蔽的鸟。它们的不利条件不在于外表，而在于日常活动。据扎哈维说，它们不断通过某些高代价行为表现自己，以在同类间赢得声望。声望在鸫鹛群体中很重要，它可以让鸫鹛提升自己的等级地位。这在某些原则上只有一对鸫鹛拥有繁殖权力的群体中尤其重要，因为那就意味着获得繁殖者的候选资格。能够带来声望的高代价行为有以下几种形式：送出食物充当礼物；自愿担任哨兵；在无明显获益情况下喂养繁殖者的雏鸟；在与其他群体或威胁群体一员的掠食者战斗时英勇无畏。诚然，饲喂非亲生后代的鸟儿并不罕见，尤其是在亚热带的鸟类中，动物行为学家记录了大量此类情况。团结起来对抗敌人的情况也很常见。不过送礼的情况比较少，至少在配偶关系之外十分少见。然而阿拉伯鸫鹛的行为与其他鸟类不同。一方面，它们的表现欲非常明显。它们希望被其他群体成员看到，在送礼时会轻轻发出一声特定鸣叫作为信号。另一方面，它们激烈竞争，以获得送礼的权力。等级较低的成员向等级更高的成员送礼会被教训一顿，甚至是狠狠教训一顿。大量观察结果让扎哈维相信，阿拉伯鸫鹛发明了一种独特方法，以在必须要靠合作才能生存下去的群体中解决竞争问题：它们竞争帮助和赠与的权力。

我曾陪同扎哈维进行了一段时间的田野考察，从他那里学会了观察并尝试理解这些奇特的鸟儿的行为。我也对他观察的方式，对他建构假说、破译信号、给行为寻找意义的方式发生了兴趣。在同一时期，另一位动物行为学家也在研究阿拉伯鸫鹛。乔纳森·赖特（Jonathan Wright）是毕业于牛津大学的动物学家，他是社会生物学理论的支持者。从社会生物学的角度看，阿拉伯鸫鹛帮助同伴的行为并非如扎哈维所说是为了追求声望，而是因为自然选择决定它们先天如此，以尽可能地确保自身基因的延续。基于同一群体的阿拉伯鸫鹛都是亲族这一事实，该理论认为，帮助群体成员亦是助力自身遗传基因的一种方式，因为群体成员大概率是兄弟姐妹、侄儿侄女，它们的身体承载着部分相同的基因。

在田野方法方面，扎哈维和赖特可谓完全相反。阿莫兹·扎哈维是动物学家出身，但是他长期在阿拉伯鸫鹛保护项目的框架下开展研究，他的科学实践更像博物学家。观摩中，他的研究方式不禁让我想到人类学家的操作。每次观察总是以某种欢迎仪式开始。每一群阿拉伯鸫鹛的领地都非常辽阔，你永远不知道在哪里能找到它们。所以最简单的办法就是把它们叫来。扎哈维就是这样做的：他呼哨一声，然后等待。过一会儿阿拉伯鸫鹛来了。扎哈维向它们提供面包以示欢迎。然后，根据解读行为的流程，他构建起自己的解释（它们在做什么，为什么这样做?），基于类比推理:"如果我是它,我会怎么做,让我这样行事的原因是什么?"

乔纳森·赖特显然不同意这种做法。他认为,没有实验就什么都说明不了,这才是名副其实之客观科学的要求。研究者必须去证明,要证明则必须进行实验。在他看来,扎哈维的阐释方法显然是一种具有拟人倾向、偏重"趣闻"的实践——在这一领域,"趣闻"通常被定义为"无对照"(non contrôlée)观察,也就是说,不具备"正确的"解释方法。为了避免这种风险,乔纳森对阿拉伯鸫鹛进行了多样化的实验,目的是迫使它们证明自己的确是社会生物学理论的一个特例。

然而,有一件事为赖特在这一领域所谓的拟人倾向带来了新的理解角度。有一天,我和他在一个鸟巢前看着鸟儿来来往往,帮助亲生父母喂养雏鸟。不管是为了赢得声望还是受制于基因专横设定的程序,总之,阿拉伯鸫鹛们忙里忙外。在观察过程中的某一时刻,我们看到一只来帮忙的鸟落在鸟巢的边缘,发出将要喂食的信号。雏鸟们叽叽喳喳,向它张开小嘴。但它什么也没喂。雏鸟们焦急起来,叫得更厉害了。我没看错吧?我们看到了一个骗子?乔纳森确认,这只鸟的确没有喂食幼鸟。至于它为什么这样行为,乔纳森的回答是:这只鸟发出一个充当变量的刺激信号,以检验雏鸟对该变量的反应程度。在乔纳森看来(但或许这只鸟也这样看),这可以让它推断出雏鸟实际饥饿程度。这只鸟凭经验进行了**对照**。它了解实验手法。还可以换种说法,这只鸫鹛"测试者"的行为反映出它对观察结果(因为雏鸟**总是**表现得很饿)的警惕;它不但需要一个证据,而且还得是一个量化的证据。要正确阐释某种情境,最好的办法就是亲自进行对照实验。谁也骗不了阿拉伯鸫鹛，就算是阿拉伯鸫鹛也不行。

毋庸强调，乔纳森对观察结果的阐释与他青睐且认为唯一恰当的方法之间存在一致性。但要这么看的话，我们会发现在某种意义上，扎哈维的操作也具有类似的一致性。一只阿拉伯鸫鹛的生活就是不断观察同伴，阐释并预测它们的行为。换言之，阿拉伯鸫鹛的处世中会充满"趣闻"。不行，不能那样说，因为如果我用"趣闻"一词，那就是在用另一阵营的说话方式。阿拉伯鸫鹛的社会生涯（carrière sociale）就是要识别大量重要细节，并加以解释。每只鸟都必须不停地努力预测、转译其他鸟的意向。这是高度社会化生物的生活。

而如是描述，这一处世方式与扎哈维本人观察阿拉伯鸫鹛并赋予它们行为以意义的方式是一致的，即关注可能重要的细节，解释意向，冠以一整套复杂的动机和意义。

诚然，我们无法阐明产生这种相似性的原因。扎哈维究竟是以某种方式构建了他的科学实践和解释，使得它们与阿拉伯鸫鹛的生活方式相对应（correspondre）——贴切"回应"（répondre à）之义，还是说他把自己所选的科学实践模式套在了这些鸟儿身上？也可以把这个问题抛给乔纳森，他是否把他"搞科学"的方式套在了阿拉伯鸫鹛身上？又或者我们应该接受他本人会提供的答案：他的理解方式与他观察对象的习性相**对应**？

无论对这些选项的回答是赞许还是批判，我们都应注意到，"拟人倾向"这一指控的意义已经发生了滑移，变得与科学家和爱好者之间的关系相关了。它不再指参照人类动机来理解动物。事件的核心不再是人，而是科学实践，即是与知识的某种关系。乔纳森指责的扎哈维的拟人倾向，归根结底不在于把专属人类的动机赋予需要解决社交问题的阿拉伯鸫鹛，而是认为鸟儿运用了非科学家的认知方式：收集趣闻，阐释趣闻，对动机和意向做出假设……

究竟是谁在适应另一方的习惯，是鸟还是科学家，这个问题当然还无法定论。而且就这两位研究者而言，可用于这一位的回答并不一定适用于那一位。也许一位是"适应"，另一位则是"套用"？但是我不会说"这无关紧要"，这恰恰相当重要，因为这将改变我们看待两个问题的方式，一个问题是在动物领域"搞科学"意味着什么，还有另一个，尤其重要，那就是从动物身上能够学到哪些正确的"搞科学"的方式。

关于本章

爱琳·克里斯特的分析引自：Eileen CRIST, *Images of Animals*, Temple University Press, Philadelphie, 1999。正是从她的著作中，我了解到达尔文和劳伦兹围绕孔雀对猪开屏一事的截然不同的看法。

动物行为可以预测的事实尤其受到了多米尼克·莱斯泰尔对动物诡计的分析的启发。莱斯泰尔认为，动物主动性的丧失和旨在消除所有意外的驯服措施具有同等干系，可以联系在一起，参见：Dominique LESTEL, *Les Amis de mes amis*, Seuil, Paris, 2007。不过我此前已经通过埃米莉·戈马尔的研究注意到了意外的问题。埃米莉·戈马尔以探索毒品使用者、干预者和政权的关系中意外的出现为契机，沿着布鲁诺·拉图尔开辟的方向，借"意外"概念重新探讨行动理论：Émilie GOMART, «Surprised by Methadone », *Body and Society*, 2—3, 10, juin 2004, p. 85—110。

有篇博士论文精彩分析了科学研究将爱好者排除在外的问题：Marion THOMAS, *Rethinking the History of Ethology: French Animal Behaviour Studies in the Third Republic (1870 - 1940)*。该论文于 2003 年在曼彻斯特大学科学、技术和医学史中心通过答辩。此外，我必须提到弗洛里安·沙尔沃兰在爱好者问题上的重要研究，尤其涉及本书没有提及的一个重要维度——激情：Florian CHARVOLIN, *Des sciences citoyennes? La question de l'amateur dans les sciences naturalistes*, Éditions de l'Aube, La Tour d'Aigues, 2007。

至于阿莫兹·扎哈维，我建议读者上网观看舞动的阿拉伯鸫鹛的视频，以及扎哈维呼唤它们、迎接它们、为它们提供面包的影像（可以用英语"babblers"和"Zahavi"为关键词搜索）。另外，几年前，我还写了一本书介绍他的研究：Vinciane DESPRET, *Naissance d'une théorie éthologique. La danse du cratérope écaillé*, Les Empêcheurs de penser en rond, Paris, 1996。在那本书中，我对阿拉伯鸫鹛实施欺骗的现象做了些分析，本文继续有所阐发。

G：Génies—天才
外星人会和谁谈判？

"牛是一种有大把时间来做事的食草动物。"这是一名养殖者菲利普·鲁康（Philippe Roucan）提出的定义。米歇尔·奥茨（Michel Ots）① 则写道："牛是一种知识动物。"他说它们知道植物的秘密，在反刍时进行冥想，"它们默想的，是光从遥远的宇宙到物质纹理的变化"。某些养殖者不就对约瑟琳·波切说过，牛角是把牛与宇宙力量联系在一起的东西吗？

我有时候会想——但一定有科幻小说已经写过——我们的想象力真是非常贫乏，又或者充满了自我中心主义，因为我们认为如果外星人来到地球，他们将和人类接触。当我读到养殖者对牛

---

① 法国作者，著有多部与牛有关的著作。

的描述，我会乐于认为外星人可能会率先同牛建立联系。因为牛与时间和冥想的关系，因为牛角——将它们和宇宙相连的天线，因为它们知道和传递的东西，因为它们的秩序感和礼让，因为它们能够表现出来的信任，因为它们的好奇心、价值观和责任感，或者还因为一名养殖者对我们说的这句出人意料的话："它们思考得比我们更深入。"

如果说有谁会对外星人忽视人类而偏爱牛这一假设感兴趣的话，那个人一定是坦普·葛兰汀（Temple Grandin）。的确，当她提及外星人，通常是表示她把"我们"看成外星人，用她自己的话来说，她经常觉得自己"像一个火星上的人类学家"。坦普·葛兰汀是一位自闭症患者。同时，她还是畜牧领域最受认可的美国科学家。这两个方面是联系在一起的。她之所以对这行如此精通，能够为牛设计如此精妙的圈舍和保护装置，并在自己选择的职业领域获得如此成功，这是因为，她说，她能像牛一样感知世界。

当坦普·葛兰汀需要实地解决一个问题，例如牲畜拒绝进入必须经常出入的场所，或是有一些导致它们与饲养者发生冲突的问题，她会尝试揭示牛看待并解释这一情况的方式。找到人们没有意识到但惊吓到动物的事物，弄清楚是什么使得它们拒绝做人们要求的事情——进入圈舍或是穿过一条走廊——葛兰汀最终会找到解决问题和冲突的办法。有时可能仅仅是一个细节，例如飘扬在栅栏上的一小段彩带，地上的一片阴影等。人们也许不会注意到这些事物，或者对它们的理解与动物不同，结果就认为动物的行为难以理解。

坦普·葛兰汀坦言，作为自闭症患者，她对环境非常敏感，这种敏感与动物非常相似。她对动物敏锐的理解力以及她运用动物视角的能力，实际建立在一场赌博上。因为她说，动物是特殊的生物，就像身为自闭症患者的她自己。她写道："自闭症让我对动物具有大多数专业人士所没有的视角，倒是普通人都会有这样的认识，即动物比我们想象的要更聪明。［……］热爱动物并长时间与动物共处的人常常会有一种直觉，那就是动物身上的东西要比我们看到的更多。但是他们不知道这些东西是什么，也无法描述出来。"她解释说，有些自闭症患者智力低下，但却能够做出普通人无法做到的事情，例如根据你的出生年月日在一秒钟内说出那天是星期几，又或者说出你家的门牌号码是否是素数。动物就像这些自闭症天才。"它们拥有人类所没有的才能，就像自闭症患者拥有普通人所没有的才能。有些动物拥有的天赋是人类所不具备的，就像自闭症天才具有特殊的天赋。"

因此，动物具有非凡的能力来感知人类无法感知到的事物，记忆力也极为惊人，能够记住我们无法记住的大量细节信息。葛兰汀说："正常人总是说自闭症儿童生活在自己的小世界里，这让我觉得很有趣。如果您与动物一起工作，您会意识到您完全可以用同样的话来评价正常人。我们周围有一个美丽而浩瀚的世界，但大多数正常人无法感知。"动物的天才是由于它们具有关注细节的出色能力，而我们人类偏爱全局视野，因为我们倾向于将细节融合到某个赋予我们感知的概念之中。动物是视觉思想家，而我们人类是言语思想家。

"我每次做的第一件事就是前往动物去的地方，做它做的事情，因为除非将自己放在动物的位置上——按字面意义，否则无法解决那些动物的问题。"葛兰汀会穿过走道，进入动物的圈舍，过大路，走小路，一边走一边观察：风扇的叶片缓慢转动时会摇晃；大路上的阴影区仿佛是无底的深堑；黄色外套非常可怕，因为黄颜色太亮了，就像金属板上耀眼的反光，和背景的强烈对比"刺入眼中"。

我们或可认为葛兰汀在描述这种将自己摆到动物的位置上去思考、像动物一样观察和感觉的操作时，脑中想到的是人们常说的共情。但如果这是共情的话，那么这个词现在就有点矛盾了：我们面对的是一种无"情"的共情。

这将是一种技术性的共情形式，它并非基于感同身受的情绪，而是基于某种视觉敏感共同体的构建，基于一种认知而非情感能力——我们便是如此分类的。要讲清楚这种情况，我着实有些词穷——我所在的传统认为共情"共"的是那些共有的情感——但我可以借卡罗琳·贾尼斯·彻里（Carolyn Janice Cherry）① 那部实验性的科幻小说《外来者》（*Foreigner*）来解释。在一个遥远的时空中，地球大使被派驻某个星球，该星球上居住着与人类十分相似的奇异生物，他们相互交往、交谈并试图解决冲突。他们也有情感，但奇异之处在于这些情感与人类情感不同，没有任何人际的成分。这些奇异生物之间没有爱情、友谊、仇恨和好感。人类大使遇到的最大困难就在于理解这一与我们高度相似的关系系统——这里的人们也会互相帮助、自相残杀、建立联系，但他总忍不住将这一系统转译为人际情感体系。事实上，支撑这些奇异生物、将他们联系起来并能解释他们行为

———————————
① 美国幻想小说家，多次获得"雨果奖"。

的是基于忠诚之上的效忠关系，这些效忠关系规定了一套行为准则，催生了与我们人类非常相似的社会和关系，以至于主人公对那些帮助他或与他敌对的当地人的动机和意向不断产生误解。不过虽有误会，但一切还都能进行下去，对于因误会而造成的不利后果，作者不会让它带来不可挽回的影响。这其实是一场迫使主人公思考、犹豫、改变自己习惯的实验，而不是要得出什么教训。

有人会说"一处相似处处相似"。但是《外来者》中的科学幻想提醒我们不可骤下断语。动物"真的"像自闭症患者吗？葛兰汀如是肯定，她那种信念对既不是动物也不是自闭症患者的普通人而言的确很难认同。但伴随这一断言的真理体制从属于假想的赌博的体制；属于一种实用主义。**假装**与像她一样以某种方式观看这个世界、拥有记忆细节的天赋和感知专长的生物打交道，她最终赌赢了，获得了她想要从这些生物身上获取的结果：尽可能地协调养殖者和动物的意向。由于葛兰汀的努力，养殖场中的暴力有所减少。换言之，她教会了美国的养殖者通过动物的天赋去观察和思考世界。我特地强调他们是美国的养殖者。与本文开篇提及的养殖者不同，美国的大多数养殖者与他们的牲畜接触得很少，只在治疗以及把牲畜运去屠宰场这种特定的场合有接触。换言之，葛兰汀面对的养殖与法国某些养殖者的养殖概念只有极小部分重合，对这些养殖者而言，与自己的动物共处，了解和热爱它们才是这行的精髓。

动物是天才。坦普·葛兰汀为治愈人类特殊论提供了一剂很好的解药。她把特殊论颠倒过来了，即动物才是特殊的，就像自闭症患者一样。这一类比固然建立了某些等价关系，但它靠的是一种对这些等价关系的反转；它一点都不直接，而是基于对两种差异的建构和关联，即人与动物之间的差异，以及自闭症与正常人之间的差异。更有意思的是——这正是这一类比被当成解药的关键所在——它将这些差异重新转译为**过人之处**。曾被视为牲畜之愚蠢表现、人类之残障的那些东西成了独一无二的特长、独特的处世天赋。这样建构起来的对比塑造出新的身份，提供了其他成就模式。因而这不是比较，而是转译。用相同去建构不同，让事情朝着不同的方向发展。在提升自己地位的故事里建构自己。编故事。

当坦普·葛兰汀讲述自己漫长的历程、讲述她努力抗争以免诊断为"精神分裂症"的女儿被送入精神病院的母亲在其人生中扮演的角色时，她对童年时候母亲讲述的那些故事记忆犹新，这应该不是偶然。她记得母亲对她说，有时，仙女会趁夜来到新生儿刚刚降生的家庭，把婴儿替换成她们自己的孩子。于是人类便要面对一些他们无法理解且似乎也无法理解他们的奇特的小生命。这些孩子魂不守舍，极其古怪，总像是被放逐一般。他们极难接受我们普通人的语言和社交世界，他们能看到其他人感知不到的或诱人或恐怖的事物。总而言之，就像葛兰汀所做的那样，这些孩子把诸多隐形的奇妙世界带入了我们的世界。

关于本章

关于把牛与宇宙力量联系在一起的牛角，约瑟琳·波切指出，她是从使用生物动力法的农民口中听闻这种说法的，他们都是鲁道夫·斯坦纳（Rudolf Steiner）[1]"给农民的课程"的信徒。米歇尔·奥茨的话引自：Michel OTS, *Plaire aux vaches*, Atelier du Gué, Villelongue d'Aude, 1994。

我在此提到的关于牛的一切，一方面来自约瑟琳·波切的著作，另一方面来自 2006 年我和她一起与养殖者进行的调查，调查的部分内容已发表：Vinciane DESPRET et Jocelyne PORCHER, *Être bête*, Actes Sud, Arles, 2007。

坦普·葛兰汀感觉自己"像一个火星上的人类学家"，这句话成了奥利弗·萨克斯一本书的标题，其中有一章专门介绍葛兰汀：奥利弗·萨克斯，《火星上的人类学家》。

本章所有引文均来自：Temple GRANDIN（en collaboration avec Catherine JOHNSON）, *Animal in Translation*, Harvest Books, Orlando, 2006。我在此沿袭了曾在一篇文章中对坦普·葛兰汀的研究工作的部分分析：Vinciane DESPRET, «Intelligence des animaux: la réponse dépend de la question», *Esprit*, 6, juin 2010, p.142—155。

卡罗琳·贾尼斯·彻里英语版原名为 *Foreigner* 的书业已译成法文：Carolyn CHERRYH, *Le Paidhi*, J'ai Lu, Paris, 1998。

---

[1]　1861—1925，奥地利神秘主义者，思想家，教育家，"人类智慧学"（anthroposophy）创始人。

H：Hiérarchies—等级
雄性统治也许是神话吧？

　　2011 年 9 月底，我在"法国之狼"（France-loups）网站上读到，狼群"通常由一公一母占主导地位的一对头狼统领。这对狼分别被称为'雄性 α'和'雌性 α'。为了整个狼群的生存，它们需要在迁徙、捕猎、标记、领地等各项事务上作决策。它们也是唯一一对有权繁殖的狼。狼群中，α 之下的层级是 β。如果 α 出现问题（例如死亡），β 中便会有成员顶上。在此之下是 ω，这是狼群中极不受羡慕（原文如此）的层级，因为 ω 日复一日遭受着欺凌。ω 的地位令它们只能最后享用狼群捕获的猎物。"

　　在 1960 年代关于狒狒的文献中能够读到对于类似组织形式

的描述。灵长类动物专家舍伍德·沃什伯恩（Sherwood Wash-burn）[1] 称"狒狒组织的主要特征来自成年雄性狒狒之间的一种复杂的统治模式，这一模式通常能保持群体的稳定和相对和平，最大程度地保护狒狒妈妈和幼崽，最大程度地确保幼崽是等级最高的雄性狒狒的孩子"。与狼群的情况相当接近，除了少数几处区别。例如，狒狒专家们非常强调占统治地位的狒狒在捍卫群体方面扮演的角色。1972 年，灵长类学家艾莉森·乔利（Alison Jolly）盘点了当时的研究，她发现这是地位最高之雄性狒狒的特权，甚至是最明显的统治标志："当一群热带稀树草原的狒狒遇到大型猫科动物时，它们会组成战斗编队有序撤退，首先是雌性狒狒和幼崽，其次才是长着獠牙的大个子雄性，它们拦在编队和危险的中间。"然而，乔利总结道，这种完美的组织模式也有例外：灵长类学家塞尔玛·罗威尔（Thelma Rowell）在乌干达伊莎莎森林观察到，那里的狒狒遇到掠食者时混乱不堪地四散奔逃，都巴不得逃得越快越好。结果就是雄性狒狒逃在前头，把受幼崽拖累的雌性狒狒远远丢在后面。

英雄气概的明显缺失——塞尔玛·罗威尔后来即如此描述——实际上还只是这些特别的狒狒在行为方面的怪诞之处之一，最重要的是，伊莎莎的狒狒不存在等级制度。没有统治其他狒狒或是拥有等级特权的雄性。相反，群体中充斥着和平的气氛，很少有攻击行为，雄性似乎更愿意合作，而不像在其他狒狒群体中那样相互竞争。塞尔玛·罗威尔还提供了一个更加令人困

---

[1] 1911—2000，美国生物人类学家，"新体质人类学"的提出者，被誉为现代灵长类学之父。

惑的观察结果：那里的雄性狒狒和雌性狒狒之间似乎没有等级
之分。

　　同行们对此将信将疑。从来没有狒狒以这种方式行事，在大
自然赋予狒狒的美好秩序中，伊莎莎的狒狒很不幸成为了例外。
肯定有一个解释。最终也找到了一个能让所有人满意的解释，包
括"大概观察有误"的灵长类学家，包括或许算不上真正狒狒的
狒狒——1960 年代初，这事发生在了南非豚尾狒狒身上，这些狒
狒为自己的荒唐付出了高昂的代价。观察它们的罗纳德·霍尔
（Ronald Hall）[①] 当时报告说，他观察到的狒狒没有等级制。于是
它们被开除出这一物种：它们不是狒狒！为了解释伊莎莎森林里
狒狒的奇特行为，研究人员找到的方案没那么粗暴：这一切应该
归因于它们一直受益的优越生态条件，也就是森林，那是名副其
实的地上天堂，树木为它们提供躲避掠食者的避难所、休憩的眠
床，以及最重要的，大量食物。地上天堂及堕落的神话总是离狒
狒本该助力重构的起源神话不远：伊莎莎森林的狒狒留在了树
上，而没有像热带稀树草原的同类那样演化。任何进步都有代
价，草原上狒狒的代价就是艰苦环境导致的激烈竞争，后者催生
了高度等级化的组织。虽然这种生态学上的解释把伊莎莎的狒狒
边缘化了，不过还是承认它们仍然属于狒狒这一物种，承认罗威
尔的观察有效。问题解决了，研究继续积累证据，证明在草原上
的狒狒和其他诸多物种当中普遍存在着等级制度。

　　这一模型变得如此重要，甚至决定着每次田野考察的第一个
问题。田野考察首先要发现等级结构、确定每一个体的层级。万

---

① 南非心理学家、灵长类学家，1965 年去世。

一没有等级制度的迹象，研究者便会援引一个便捷的概念来填补事实上的真空，即"潜在统治"。因为已经根深蒂固，所以难以察觉。

几年后，1970 年代初，塞尔玛·罗威尔决定拒绝学界赋予其狒狒的边缘地位。的确，伊莎莎森林的狒狒得益于特殊条件，这可以解释它们的与众不同。但要弄清楚这所谓的"条件"指什么：不是传统意义上的生态条件，而是观察时的条件。换言之，她研究的狒狒之所以成为等级模型的例外，只是因为被观察到的时候，它们并不处于必须要遵从这一模型的条件下。

事实上塞尔玛·罗威尔回顾并比较了先于她的所有研究。她把这些研究分为两类。一类是某些显然与等级模型不怎么相关的动物，对于这些动物，学界曾援引"潜在统治"的概念，其中有被认为经历了不同的演化压力的动物，如伊莎莎的狒狒，还有被物种除名的动物，如南非豚尾狒狒等。另一类，是所有表现出模型预期行为的狒狒，不论是在田野还是在圈养环境下。她有了两个发现。在所有有关圈养狒狒的研究中，它们都拥有非常明显的等级制度。而在野外观察中，明显出现等级差异的是研究人员提供食物以吸引狒狒的情形。巧合？未必。

圈养环境下的研究都按一个模式进行。为了研究等级优势，科学家将狒狒两两分组，让它们争夺一丁点食物和空间，甚至争夺免遭电击的机会。两只狒狒通常完全陌生。第一轮测试，其中一个会胜出，这当然是实验的目的。在下一轮测试中，第一轮的失败者对可预见的结果有了准备，因此即使抗争，它也不会投入应有的全部信念。每一次测试都将证实越来越可靠的预测，无论是对实验者而言还是对狒狒而言都是如此。长此以往，面对令人垂涎的好处或避免电击的可能，那些失去全部希望的狒狒将自动避让，以免挡了成为"统治者"的狒狒的道。在合成群体中发生的事完全一模一样。在彼此不认识但被归入同一社会群体、群体结构在某种程度上由圈养条件所决定的狒狒之间，空间和食物的缺乏会不可避免地导致冲突。

在野外，情况可能有所不同。动物个体间彼此认识，原则上，它们并不受制于圈养狒狒特有的约束条件。但还有研究的约束条件。因为，虽然研究人员按照适应操作的要求定点向狒狒提供食物，但食物往往分量不足，且集中一处，从而激起狒狒之间的打斗，"统治者"即在打斗中脱颖而出。这便说明研究人员在田野环境中也复制了圈养研究的条件。罗威尔的结论确定无疑：只有在研究者精心布置和维持的条件中，等级才会如此完美地显现并稳定下来。

只是等级模型依旧影响着研究。

而不时地，这里那里，仍有一些"冥顽不灵"的狒狒。1970年代中期，年轻的美国人类学家雪莉·斯特鲁姆在肯尼亚邦普豪斯观察到的狒狒便似乎有意接过反抗的火炬。雪莉·斯特鲁姆最终得出结论，雄性统治只是神话而已。她所有的观察结果一致表明：那些最具攻击性，以冲突结果来看在等级中排名最高的雄性，更少被雌性选为配偶，更难接触到发情期的雌性。谁也想不到，当某一雄性在冲突中占据优势时，最受优待的反而是战败者。它会吸引发情雌性的关注，其他狒狒会把受青睐的食物让给它，经常帮助它理毛。斯特鲁姆提出，冲突结果表明，这不是简单的统治或资源获取的问题；必须认真反思这些概念，以理解真正形成的关系。

斯特鲁姆的研究引发大哗。她被指控观察有误甚至篡改研究数据。随处都可听到大学里的"银背大猩猩"对她的批判："邦普豪斯的雄性狒狒必然存在等级制度。"

对斯特鲁姆之研究的断然拒绝，以及对罗威尔之批评的冷漠无视，让我们更清楚地看到研究人员抛弃等级概念之难。我们可以像塞尔玛·罗威尔一样，认为来自浪漫主义和维多利亚时代博物学传统的那种雄性统治者为了雌性而战的神话对灵长类学领域产生了潜移默化的影响，那甚至是某种形式的拟人倾向，或"拟学术倾向"：对于那些就等级关系百般论述的人，等级关系不就是他们之间相互关系的终极特征吗？

我们还可以认为，对于这一模型近乎疯狂的偏好与大多数灵长类学家的雄心有关，他们希望从博物学角度坐实研究的科学性（☞ F：Faire-science—搞科学）。在这一方面，等级是很好的研究对象，因为它能证实特定常量的存在，确保了预测的可靠性，并且可以成为关联研究和统计研究的对象。但是，基于统治原则的有序社会的概念也可能源于灵长类学家借自社会学的某一社会性概念，这一概念认为社会先于行动者（acteur）的所为而存在（☞ C：Corps—身体）。在布鲁诺·拉图尔看来，这一概念只是因为无视社会化所需的长期维持稳定的工作才被人们所接受。等级理论有点像一个定格画面。狒狒中肯定存在挑衅性考验，以及它们用于证明谁是最强者的考验，但若要构建秩序关系，就只能把观察时间缩短到几天之内。可是，每三天就变化一次的等级还能称为等级吗？能够征服雌性的成员、能够优先获得食物的成员，以及决定群体迁移的成员——由最年长的雌性狒狒扮演的角色——均不相同的等级还能称为等级吗？

　　话虽如此，大部分文献仍然使用"等级""统治"的术语，某些研究人员也继续视之为理所当然。当然，他们也承认"实际情况要更复杂"，但这并不妨碍他们固执地使用这些词汇并描述此类关系（☛ N：Nécessité—需求；☛ U：Umwelt—周围世界）。

　　本文开篇部分关于狼群的描述就证明了这一点。这种等级观念仍然存在于诸多驯犬教材之中，要求主人提醒自己的宠物——万一它们忘记的话——究竟谁才是支配者。

　　这种痴迷的惊人之处还在于，在等级的问题上，狼群研究复制了狒狒研究的道路。1930 年代，鲁道夫·申克尔（Rudolf Schenkel）①的研究奠定了 α 狼理论。1960 年代末，美国著名的狼群研究专家戴维·米奇（David Mech）重拾这一理论，继续推进研究并将其传播开来。然而到了 1990 年代末，戴维·米奇全盘否定了这一理论。他对狼群进行跟踪研究，在加拿大度过了十三个夏天，他发现所谓的狼群实际上是由父母和子女组成的家庭。幼狼成年后就会离开家庭自立门户。群体中并没有统治关系，只有狼父母指导幼狼的活动，教导它们捕猎和生活。

　　现在了解了狒狒研究中的波折，回头来看，狼群研究的理论立场之间出现这种不一致的原因非常简单，且可以预见。在这十三个夏季的跟踪研究之前，申克尔和米奇的研究仅限于动物园里的狼群。这些狼群被人为地由相互陌生的个体组成，囚禁在无法逃脱的空间中，由人类提供食物。在上述因素不断施加的压力下，这些狼尽可能地自我组织。于是，α 攫取一切特权，β 见机行事，ω 则试图在无休止的迫害中生存下来。这是许多动物园提

―――――――――
① 1914—2003，瑞士行为主义动物学家。

供的日常景观。

在文献当中，这种描述依旧不断出现。看来，只要人类继续让统治论存在并随时调整，它就注定会维系下去。

正如我们所看到的，所有这些并不仅仅涉及理论问题。我们关于动物的理论具有实际意义，它们至少改变了我们看待动物的方式。而事实上还远远不止于此，动物园里的狼便充分证明了这一点。可以为证的还有我们在为不断遭受攻击的 ω 狼担心时听到的回答："狼群就是这样的。"

等级理论看起来像一种传染病，其病毒属于一种抗药性很强的毒株。它的症状和其毒力一样，很容易被发现，并得到描述：等级理论造就了受僵化规则决定的生物，它们索然无味、循规蹈矩，很少带来问题。这一理论既感染了强行推行该理论的人类，也感染了那些被迫承受该理论的动物。

关于本章

所引有关狼群组织的描述可在 franceloups. fr 网站上找到。

布鲁诺·拉图尔对狒狒等级制度的质疑是对那些认为社会先于行动者所为而存在的理论的普遍批判的一部分。读者可在 bruno-latour. fr 网站上查阅这一批判。

对有关统治问题的材料汇总沿用了 1980 年代初欧文·伯恩斯坦（Irwin BERNSTEIN）对争议情况的梳理：«Dominance: The Baby and the Bathwater», *The Behavioral and Brain Sciences*, 4, 1981, p. 419—457。

哲学家唐娜·哈拉维在等级问题上做了很多研究，我深受其著作的启发，参见：Donna HARAWAY，«Animal Sociology and a Natural Economy of the Body Politic, Part 1：A Political Physiology of Dominance»，in Elizabeth ABEL et Emily ABEL（dir.），*Women, Gender and Scholarship（The Sign Reader）*，Chicago University Press, Chicago, 1983, p.123—138。哈拉维重新研究了这些问题，并在她后来的著作中进一步阐述：Donna HARAWAY，*Primates Visions*，Verso, Londres, 1992。

引用艾莉森·乔利的文字摘自以下著作：Alison JOLLY, *The Evolution of Primate Behavior*，Macmillan Publishing, New York, 1972。

雪莉·斯特鲁姆的命题激发了非常负面的反应，这在她的著作《几乎和人类一样》中有所提及。该书有多个版本。在最新的法语版中有布鲁诺·拉图尔撰写的跋语（Shirley STRUM, *Voyages chez les babouins*, Seuil, Paris, 1995）。

对于塞尔玛·罗威尔，我们可以参考她在 1974 年发表的文章，她在其中汇总并详述了自己对统治概念的所有批评：Thelma ROWELL，«The Concept of Social Dominance»，*Behavioral Biology*，11,1974, p.131—154。我还引用了 2005 年 6 月她允许我进行的访谈。这次访谈是为拍摄一部纪录片（Vinciane DESPRET et Didier DEMORCY，*Non Sheepish Sheep*，2005）而做的准备之一。而这部纪录片是为了以下展览而准备：*Making Things Public. Atmospheres of Democracy*，ZKM de Karlsruhe, printemps 2005。

本章的部分内容还受到雪莉·斯特鲁姆和琳达·费迪甘的分析的启发，特别是她们为 2000 年共同编撰的一本著作撰写的序章：« Changing Views of Primate Society: A Situated North American View» in Shirley STRUM et Linda FEDIGAN (dir.), *Primate Encounters*, op. cit。

此外，本章还沿用了我在该问题上撰写的一篇文章的一些内容：Vinciane DESPRET, «Quand les mâles dominaient. Controverses autour de la hiérarchie chez les primates», *Ethnologie française*, XXXIX, 1, 2009, p.45—55。

有关狼群"等级"理论的学术史，我在布鲁塞尔自由大学（VUB）的两名学生玛拉·科尔文林和娜塔莉·范登布舍为我提供了帮助，她们追溯了这一概念的历史。至于鲁道夫·申克尔的理论，读者可参阅：Rudolf SCHENKEL, «Expression Studies on Wolves: Captivity Observations », *Basle and the Zoological Institute of the University of Basle*, p.81—112。该文没有注明具体日期，只写明它是一项始于 1947 年的工作。这篇文章值得一读，因为读者可以找到有关统治理论的所有主张。读者可以从 davemech. org 网站上下载几页打字版。至于戴维·米奇的研究，读者可参阅他的一篇概述：David MECH, «Whatever Happened to the Term Alpha Wolf?», *International Wolf*, 4, 18, hiver 2008, p.4—8。

I：Imprévisibles—无法预见
动物是可靠的道德典范吗？

　　2007 年，巴黎拉维莱特展览馆举行的《兽与人》（*Bêtes et Hommes*）展览中，几只大鸦鸟、五只秃鼻乌鸦、一只小嘴乌鸦、两只巨蜥蜴、五只秃鹫和两只水獭——两者是兄妹关系——栖息在艺术品、视频和文本之间。根据展览策展人（包括我本人）的理念，这些"驻场"动物是它们同类的使者。作为各自物种的代表，它们提出了诸多问题，涉及人与动物的共同生存，涉及这一意愿在人与人之间、人与动物之间，甚至动物之间引发的冲突（☞ J：Justice—正义）。这些动物揭示了许多困难，既由于当下它们明显被集体卷入人类历史的事实，也因为我们今天与它们一道探索且处理这种卷入对它们的影响的义务。

　　策展人既然如此抉择，她们也知道，少不得有人会指责她们把动物关在笼子里。为此，她们精心准备了合理化说明，尤其是尽量确保这些驻场动物的生活条件无可挑剔。但发生在水獭身上的事令人始料未及。

开始的时候，一切都很正常。水獭每天都在适应新环境，甚至表现出非常幸福的样子。可以说，它们对各项安排的接受度很高，符合召唤者的期待。但是，策展人没有想到水獭的行为会超出她们的期望。她们绝对没有要求水獭以背离常规的性行为来展示幸福感。

因为生物学家言之凿凿：今天，所有科学家公认，如许多动物一样，水獭之间也存在着某种机制，不会让共同成长的个体产生性吸引力。但显然，这对水獭兄妹决定要为围绕乱伦的古老争议增添新的话题，或更确切地说重启争论。它们似乎想证明当代动物行为学家犯了错误，并由此回到西格蒙德·弗洛伊德和克劳德·列维-斯特劳斯的假说。这两位虽然不是动物研究专家，但在乱伦问题上观点鲜明，并将此作为"人类特性"的一个标准——只有人类才把乱伦视为禁忌，其他动物则不是。

展览策划者固然自觉与此争议无关，但水獭公然驳难科学家的事实还是让她们无比担心。我们知道，长期以来，动物园和圈养环境被认为会将其中的动物"去自然化"（dénaturer）。在性领域，这项指控通常指向所谓的"异常"且在以上环境中彻底被认为是"反自然"（contre nature）的性行为。

虽然如此，但是请注意，我们对动物性行为的很大一部分认识都来自对圈养动物的研究。这首先是因为在自然条件下很难观察到动物的性行为，动物在这方面相对谨慎，特别是因为交配时它们更易受到攻击。虽然如此，但在动物园中，除非不识相地保持禁欲（这种情况常常发生），动物通常别无选择，只能给游客们上一堂性教育课，并按某些人的说法，参与维护生物多样性——那是另一个话题。其次，我们对人为条件下的动物性行为知之甚多是因为有专门的研究，甚至为了研究的需要，科学家会故意刺激动物的性行为。大量研究观察或激励了百万计的老鼠、猴子，以及其他动物的生育史。

虽然如此，但我不会简单地认为动物在圈养条件下异于常规的行为一定是致病条件的结果。实际情况要复杂得多，以偏概全没有任何好处。我们的确注意到，处于相对安全的条件下，不必为躲避掠食者和维持生存忧心时，动物会探索或显露另一些关系模式。比如人们长期认为，性快感的问题对于动物是不存在的。生理需求和繁殖的双重需求便可消解这个问题（☛ N：Nécessité—需求；☛ Q：Queer—酷儿）。但是动物真的有繁殖的念头吗？显然，对于许多动物而言，事情并非如此。在这个问题上，倭黑猩猩早已闻名遐迩。在鸟类研究方面，人们也开始认为交配的原因可能非常多样。科学家依旧很少提及动物性快感的问题，而且大部分动物性行为的短促性也加剧了这种抵触。显然，如果我们认为条件许可时动物能有**不一样**的性行为，一切都会改变。有时候它们就这样做了。哲学家兼艺术家克里斯·赫兹菲尔德（Chris Herzfeld）长期研究巴黎药草园中的猩猩（☛ W：Watana—瓦塔纳），他观察到一只雌性猩猩将交配时间延长至将近 30 分钟，并明显想要主动延长交配时间。这似乎表明，如果条件有利，动物可以拿出不同的表现。圈养条件肯定与自然条件不同；但是圈养条件也同样是真实的。从某种意义上说，圈养条件形成了一系列不同的提案，而作为提案，依旧从**某些方面**看，它们可以被认为有利或不利（☞ H：Hiérarchies—等级）。

不管怎样，两只水獭让展览负责人有些尴尬。她们很难想象，当记者、动物保护者、公众风闻此事，自己要调用怎样的资源去解释。

然而，她们知道，如果早几十年把这些水獭关在笼子里，没有人会为此担心。因为动物就是动物，它们不遵守通行于人类世界的规则完全正常。长期以来，乱伦禁忌和对性行为的控制一直是人类特殊性的决定性标准之一。好在，与展览合作的生物学家安抚了策展人的担忧。他们说，当动物处于愉悦的环境中时，这种情况的确有可能发生，不过荷尔蒙机制能避免这些荒唐行为造成不幸后果。策展人信了他们，就像信任他们的水獭。但是动物并不总是与研究它们的科学家保持一致；至于信任，它也不是单方面的。因为不久之后，雌性水獭的肚子开始令人不安地隆起，很快就显怀了。荷尔蒙机制看来辜负了生物学家和策展人的期望。2007 年 11 月 18 日，有关此次展览信息的网站上发布了一则小水獭出生的喜报，但没提父母之间的亲缘关系。

通过这个故事，我们发现曾经被视为自然特征的东西在这种语境中完全成了相反的、"反自然"的事了。而这一"反自然"出现的性行为领域并非无关紧要。假如笼子里的水獭学会使用胡桃夹子，或者跳起舞来，那一定会引来热情高涨，而不是策展人所担心的批评指责。

应当指出的是，涉及家畜或实验室动物，很少出现这种批评。为了缩小容易导致实验结果出现分歧的行为或生理差异，人们恰恰通过近亲交配培育出了品系纯正的大鼠和小鼠。出于其他原因，对养殖动物和狗也采取了同样操作，纯种或某些人类看重的特性成为选择的指导因素。整个驯化过程遵循的原则未必是有自由选择权的动物会遵循的原则，完全不是。

但是今天人们认为，在大自然中，除了少数例外，同系配合——即与近亲交配——一般都被避开了。例外大都发生在可能性受到限制的某些动物种群里，如岛屿上的动物种群。当然，还有其他例外，例如在喀麦隆和尼日利亚的小海湾和溪流中生活着一种实行一夫一妻制的色彩艳丽的小鱼，即丽鱼科的带纹矛耙丽鱼（*Pelvicachromis taeniatus*）。该物种更喜欢在兄弟姐妹之间交配。科学家试图弄清为什么这些鱼会违反一条如今在动物界被广泛遵守的规则。他们认为这些鱼更喜欢近亲繁殖实际上是自然选择造成的。因为保护鱼卵和幼鱼，尤其是抵御可能出现的掠食者，都要求父母之间进行充分有效的合作，而当父母彼此相熟时，合作质量似乎更高。不管怎样，这类研究清楚标志着近来思维方式的转变。现在，反而是那些异系交配的动物得出来解释解释了，而且最好是过硬的解释！

动物的性行为长期以来一直助长着人类特殊论的论点（"我们不是禽兽"这种表达恰如其分地说明了这一问题），并且沿着一条相当复杂的分界线，一边是大自然能够容忍的行为（乱伦），另一边则是大自然顺乎道德阻止的行为（同性性行为），始终滋养着一个巨大的谴责和排斥的体制——针对的正是行为表现得像野兽一样的人。行如禽兽，在我们改变对这一表达的看法之前，禽兽只能行如禽兽。因此，动物的性行为总是表现为一种榜样，一种为达致文明而或应模仿或应摆脱的榜样。这一心理始终存在，即便总会以新的形式出现。年轻的瑞士学者尼古拉斯·斯特克林（Nicholas Stücklin）梳理的有关单配性田鼠的研究就颇能说明问题。这段历史尤其有意思的是，这些田鼠从被认为完全符合它们在科学家心目中的典范形象，不断可耻地滑向对典范形象的毫不在乎的破坏。

草原田鼠（*Microtus ochrogaster*，小耳，橙腹）是生活在加拿大和美国中西部的一种啮齿动物。在脑科学领域，这种田鼠因某些动物学家在 1970 年代末赋予它们的一种社会行为而为人熟知：据说，它们实行的是一夫一妻制，双亲共同养育后代，而所有哺乳动物中仅有 3％ 的物种是这种情况。

斯特克林梳理的这段历史始于 1957 年。当时，统计堪萨斯大草原上田鼠数量的动物学家亨利·菲奇（Henry Fitch）发现，往往会在同一个陷阱中捉到一公一母已经在其他采样活动中被同时捕获过的田鼠。但是菲奇的假说还不是后来流行的田鼠单配性假说。他注意到在被捕获的时候，雌鼠并未发情。因此，他认为两者之间不是两性关系，而是习惯了一起外出溜达的同巢伙伴。如果一只被困住了，另一只会试图钻进笼子与它会合。再者，有时捉到的也可能是两只雌鼠。由于菲奇无法在实验室中观察到它们的性活动，总而言之他既不能否定也不能证明"友好"伴侣之间可能存在性关系的假设。

然而，1967 年，另一些动物学家重拾对这种田鼠的观察，将注意力集中在菲奇很少关注的另一特征上：雄性田鼠非常积极地参与养育幼鼠的活动。十年过去，研究人员对田鼠的兴趣也发生了变化：他们考虑把田鼠当成模式动物，人类行为的模式动物。单配性成了其中的关键。两位科学家，吉尔（Gier）和库克西（Cooksey）专注于父系行为，这是一夫一妻制的关键——通常，在稳定的配偶关系中，父母双方都会参与育儿。他们因而发现，雄性田鼠对"它的"雌性相当体贴、乐意合作甚至温顺,它为雌鼠梳洗、喂食,甚至按研究人员的说法,"令人敬佩地"当起了助产士,并在幼仔出生后,忙里忙外,又是筑巢,又是养育幼鼠。只有一夫一妻的伴侣才会如此任劳任怨!草原田鼠从此名声在外。接下来的 20 年,研究人员继续观察田鼠父亲。单配性田鼠现在引来了正在寻找依恋关系模型的神经科学家的关注。实验鼠地位不保,因为它们纵使可以反映母子依恋,却无法反映配偶之间的依恋。田鼠成为爱情(默认人类爱情)生理学以及配偶(默认异性配偶)关系的模型。神经内分泌学研究迎来了新的繁荣期。哺乳动物学家罗威尔·盖茨(Lowell Getz)和行为学家苏·卡特(Sue Carter)于是为单配性田鼠设想了另一种可能的命运。既然田鼠能够反映个体间关系的化学,那么它应该也能构成人类上述关系的病理模型,奉上极为多样、数量可观的社会功能障碍综合征病例。前提是田鼠保持一夫一妻……

但是,该模型似乎没有看起来那么完美。研究人员首先发现了"流浪田鼠"的存在。这些据称一夫一妻、忠于爱情的田鼠中,有相当数量会有一段旅行生涯,和其他田鼠亲近。随后,DNA 研究证实了科学家开始怀疑的事情:田鼠是不忠的。根据研究,有23%或56%的幼鼠来自配偶关系以外的交配。可敬的田鼠父亲实际上也在照顾另一只雄鼠的后代,这从选择规则来看不值得推荐。

这消息令人尴尬,并且正如尼古拉斯·斯特克林指出的那样,坏了田鼠登基人类夫妻模型的好事。

话虽如此……人们开始思考。田鼠或许不是单配。但是,单配性究竟意味着什么?而且说到底,人类是这样的吗?人类会建立如此长期的关系?人类夫妇会共同抚养自己的孩子?我们实际上与弗洛伊德的"破釜逻辑"相距不远:我从未向你借过锅;我将锅还给你时是好的;借锅的时候它已经破了个洞。

于是单配性的概念迎来了一次巨大的拓展。科学家把性忠诚和社会依恋区分开来。这样一来,田鼠的社会单配性得以保持。恰恰,这些对于人类行为神经基础的研究主要就关注社会依恋及其抑制所引起的疾病,所以问题解决得堪称完美。

但是,在实验室中,这种丰富的多样性可能会损害那些可复制行为的可靠性。既然田鼠在野外不乏风流艳遇,那么它们在囚禁状态下的单配性就是实验室条件限制的结果,是人为造成的。就此而言,大鼠反而更可预测、更为可靠——研究人员还多方努力、尽可能地降低这种变异性,尤其通过规定它们的性选择。尽管如此,但似乎大鼠并不会产生依恋,所以指望不上它们。

研究人员于是重新定义他们感兴趣的东西:田鼠和人类之间有什么共同点?恰恰就是行为的变异性啊!田鼠这个出色的模型可以继续用下去了。

应该感到高兴才是。我们不是喜欢充满多样性的世界吗?这个世界不是更有趣吗?它不是会带来更多的好奇、关注和假设吗?毫无疑问,有人会这样回答我(☞ Q: Queer—酷儿)。但我以为相反,田鼠的故事应让我们多问几问。因为多样性正在成为一种道德答案,一种抽象的、全天候的答案。这意味着我们走得太快了,反而把多样性弄成了一般性。换言之,多样性正在变成一种答案而不是问题。

如果按通常解构这类故事的方式去讨论田鼠的命运起伏,我们就不会意识到这一点。因为完全可以从更多样的伴侣组成方式角度把田鼠"有关"行为的变化理解为人类伴侣组成方式演变的忠实反映。这种倾向其实早就可以看出，因为研究人员宣布雄性田鼠是优秀父亲——全新意义上的优秀父亲，不仅仅只为家庭提供经济支持，还要全身心地参与到家务之中——的时候，恰好是一些质疑传统育儿分工的女权运动兴起的时期。不过我们不应忽视与这些新习俗相关的实际条件：在菲奇手里顽固拒绝在圈养条件下繁殖的田鼠后来在其他科学家的坚持下最终开始了繁殖。

就最近的研究而言，确实，对田鼠伴侣关系多样性的发现与西方当代伴侣关系的那些创新非常相似——不要忘记，一开始，田鼠所要反映的就是西方人的行为。这说明了什么，是承认了这种习俗的多样性，认可了其他形式的伴侣关系和家庭的其他定义？并把这种多样性当成自然变异性的一个标志？

可以这样考虑。但是尼古拉斯·斯特克林提出了另一个假设。正是这个假设让我们放慢脚步。他说，有必要注意这种新田鼠引发的研究计划和日程上的变化。

别忘了，征召田鼠尤其是为研究一些涉及关系的心理病理问题。为此，依恋关系成为各种实验测试的对象，以展示如何能导致依恋的失败，如何抑制依恋，并通过所谓的失效模型来衡量这些测试的后果：换言之，创造没有依恋关系的情境，又或者创造依恋关系受干扰、受创伤、被抑制的情境……模拟出类似精神障碍和社交障碍（☛ S：Séparations——分离；☛ N：Nécessité——需求）的结果。依恋关系变化越多，可以探索的途径就越多，可以设想的病理状况也越多。换言之，如果按照伊莎贝尔·斯坦格斯建议的方式，注意"搞科学"所强加的诸多变化，那么田鼠表现出的"多样性"就是落入了"变异"可能性体制的范畴：唯因其多变而成为"变异的对象"。也就是说，在这种情况下，成为一个供操控的变量。

这就是我们可为田鼠担心的地方。田鼠的丑行和不忠曾可把它从社会从众模型向自然模型转变的任务中解脱出来。其多样化的忠诚或不忠方式又把它重新卷入人类的事务，但恐怕田鼠本身对这些事务并不感兴趣。

关于本章

尼古拉斯·斯图克林有关田鼠的研究尚未出版。非常感谢他给我发来了他的文字并允许我分享。这些内容曾以《How to Assemble a Monogamous Rodent. *Ochrogaster* sociality in Zoology and the Brain Sciences》为题在 2011 年 6 月 23 日至 25 日苏黎世联邦理工学院组织的"大脑，人类与社会"工作坊中宣读。

至于内婚制的鱼类，读者可以在养鱼爱好者网站 practicalfishkeeping. co. uk 上找到该研究的摘要。该研究的作者发表了几篇文章。本书中，我参考的主要是：T. THNKEN, T. C. M. BAKKER, S. A. BALDAUD et H. KULLMANN, 《Active Inbreeding in a Cichlid Fish and its Adaptive Significance》, *Current Biology*, 17, 2007, p. 225—229。该文作者指出，鱼更喜欢与"陌生的"亲属交配。从理论争议的角度来看，这一观察为那些声称"熟悉者"之间没有吸引力的学者提供了论据。但继续搜索的话，我们发现，2011 年这些学者在发表于《行为生态学》(*Behavioral*

Ecology）杂志的一篇文章中完善了他们的理论：在气味（姐妹或另一位女性的气味）偏好测试中，似乎大个子男性更喜欢姐妹的气味。小个子男性则"选择性"不强，作者认为，这是因为他们的选择有限。该文见于 beheco. oxfordjournals. org 网站。

J：Justice—正义
动物会妥协吗?

刚果民主共和国维龙加国家公园一位出身该国中东部利加人（Lega）部落的管理员曾经告诉我的同行让·穆卡兹·齐佐兹（Jean Mukaz Tshizoz），在一些村庄，狮子和村民之间达成了一种协议。让告诉我，这种协议对他来说并不陌生，因为他的祖母早就跟他说起过，而且其他地区的利加人、加丹加的隆达人，以及另一些班图人也有非常类似的传统。根据这种协议，只要狮子不碰孩子，它们与村民之间就能保持和平。但是，如果狮子攻击儿童，村民就会立即组织报复行动。他们会敲着达姆达姆鼓去寻找罪魁祸首，并演奏一个特定的乐段，警告狮子，一场围猎正在进行，将对背信弃义的行为进行惩处。一旦遇到一头独处的狮子——通常是遇到的第一头狮子，他们就会杀了它，罪行也就得到了惩处。当然,我们可以怀疑,这遇见的第一头狮子是否就是真凶。问题的答案似乎是肯定的。村民的解释是,一方面,如果一头狮子离群索居,那么这头狮子事实上很可能是一个去社会化的个体,这种去社会化的状态便可解释它对规则的粗暴践踏。另一方面,他们说,真凶永远不会远离人类,这也是认定这头狮子有罪的决定性证据,因为靠近人类就表明它喜欢吃人。这也表明它的行为将永远偏离常轨。因此,制裁既是惩罚措施又是预防措施,具有双重意义。肇事者一旦伏诛,这种事就不会再发生,更何况,根据让的说法,演奏达姆达姆鼓的目的很明确,就是要杀一儆百,按他的话说把惩罚"刻入头脑"——狮子的头脑。

让我们前往另一个时代、另一个地点。1457 年春天,一起恐怖的罪行震惊了勃艮第萨维尼-苏-埃坦村的村民。人们发现了一名遇害的五岁男孩,尸体被吞噬了一半。罪行的目击者检举了嫌犯:是一群猪,一头母猪和它的六个孩子。于是它们被逮去见官。在它们身上找到的遇害男孩的血迹坐实了它们的罪行。"犯猪"被送上被告席,法庭里人山人海。鉴于它们身无分文,法庭为它们指定了援助律师。法庭对证据进行了审查,事实清楚,于是辩护围绕法律问题展开。最后,猪妈妈被判处绞刑。但涉及幼猪,律师令人信服的辩护起了作用,他说:从法律角度看,这些幼猪尚不到可被控以罪行的心智水平。于是,它们被判由当局监护并提供必要的照料。

当然,上述两则故事关系不大,除了一个共同点,即人类和动物按照司法领域的规则来处理相互间的冲突。我们可以强调两个故事之间差异众多而显著,但撇开这些差异,我感兴趣的是这些冲突解决方式预设的前提:动物是其行为的主体,可以因自己的所作所为被追究责任。证据就是,在狮子和猪的故事里,人们都没有胡乱处罚不相关的动物。狮子被杀,因为是它破坏了协定;母猪可以被控以罪行,幼猪还不行。

在欧洲和美洲殖民地,许多动物都曾被一本正经地起诉。直至 18 世纪初,都还有这类案件的记录。当动物破坏农作物、与人发生性关系、被认为与巫术有关或被魔鬼附体时,案件由教会来处理。世俗裁判所负责审理动物对人类的人身伤害案件。

在我们看来,这些做法恍如隔世,充满了非理性和拟人化的色彩,常常是被嘲弄怀疑的对象。但是,这些官司反映了某种现如今我们正在这里那里一点一滴重新培养的智慧:处死动物可能并非理所当然。应通过司法程序决定,按照司法制度形态本身的缓慢节奏和视角。此外,在动物损害农作物或人类财产的官司里,判决通常会寻求妥协。1713 年,巴西皮埃达德诺马冉哈奥的一项判决便是如此。修道院坍塌了一部分,人们发现是白蚁蛀蚀房基引起的,必须向它们追责。指派给白蚁的律师巧妙辩护说,白蚁是勤劳的动物,它们努力工作,从上帝那里获得了进食的权利。律师甚至质疑这些动物的罪责,他说修道院倒塌是修道士玩忽职守导致的可悲后果。法官根据事实和论据下达判决:修道士须为白蚁提供一堆木头,白蚁则被勒令离开修道院,只能在这堆木头里开展它们可敬的劳作。

这在某些方面类似于我们试图与动物达成的新妥协。涉及那些我们必须与之周旋的保护动物,妥协不言而喻,不论是因为留给它们的家畜尸体而大量前来的秃鹫,还是共存不易的狼,或是水獭、土拨鼠……这些动物对我们保护措施的回应反映出一种"过度的成功",我们现在必须再度摸索一些解决方案,以应对过度成功的后果。如何说服秃鹫为其他物种腾出空间？如何处理把种植者看中的田地当成乐土的土拨鼠？对于秃鹫，我们可以不再提供家畜尸体，让它们自谋生路，这样它们就不会老去同一个地方，但会导致其他需要面对的后果：某些秃鹫会放弃原来寻食腐肉的生活，转而攻击羔羊。于是就要摆平养殖者。至于土拨鼠，有一段时间，志愿者会去捕捉并迁移它们。但几年下来，志愿者变得越来越稀缺。因此人们考虑给土拨鼠避孕。但这又引发了新问题，生态主义者尤其不满，他们反对此类极不自然的处理方式。而这，正如哲学家埃米莉·阿什（Émilie Hache）的精彩分析，恰是需要妥协的地方。妥协不是在道德上让步，一如长久以来其贬义色彩所暗示的那样，而是当我们的某些原则变得过于狭隘而无法"照顾周全"的时候，在这些原则上让步。埃米莉·阿什写道："对于妥协者来说，重要的不是用原则评判世界，而是善待与之共处的各方，并因此愿意与它们有商有量。"

一段时间以来，这些新妥协似乎感染了我们与另一些物种的关系，它们虽然不在依法保护之列，却引发了颇为相近的态度。几年前，秃鼻乌鸦搬进了里昂地区一个废弃的大花园。与它们共处变得越来越困难。这些乌鸦数量众多，极为聒噪，大量排泄物令人无法忍受。附近居民屡屡向市政府投诉，后者决定派遣猎人来解决问题，反倒引起了民众的抗议，因为没人希望这些乌鸦被杀。最终，大家找到了解决方案，驯鹰人带着鹫和隼来到这里，以在乌鸦下蛋后恐吓它们去别处筑巢——让它们无法孵蛋似乎是最硬的一手。谁也没法说这是正确或理想的方案，我只记得听到乌鸦为躲避猛禽攻击、慌忙弃卵离巢、绝望尖叫时人们那种可察的不适。我们只能祝愿乌鸦能在更易与人类共处的其他地方找到落脚点；但没人能为此担保。这一解决方案一点也不无辜；我们也不是，而且我们也不期待乌鸦能有多么无辜；这就是艰难的妥协与让步之道。

回到那些与这类妥协差可比拟的诉讼上来，它们终有一点令人惊异：在这些案子里，动物不仅得到律师辩护——这在某种意义上赋予了它们人的身份，而且最重要的是，它们被认为具有理性、意志、动机，尤其还有道德意向性。对它们进行审判，换言之，就是承认动物可能具有正义感。

这种观点并未完全消失，但是长期以来只局限于所谓的"趣闻"，也就是养殖者、宠物犬主、动物园管理员或驯兽师的讲述。这一用语一举抹杀了他们观察到的事件的重要性与可靠性（☞ F：Faire-science—搞科学）。今天，这种观点重焕活力，出现在越来越多呼吁更好地对待动物、甚至解放动物的随笔中。动物逃跑、造反或攻击人类均是自觉而为，这些叛逆行为反映出它们对自己所受非正义的认识（☞ D：Délinquants—罪犯）。

科学家迟迟不愿接受这个观点。他们谨小慎微的原因有很多。我只想指出，2000 年，心理学家欧文·伯恩斯坦提醒那些无疑正走上歧途的同事，动物的道德观念似乎注定要永远处于科学测量技术的触角之外。

科学研究中出现与正义感或非正义感相近的理念最早不过1964 年，而且依旧相对隐晦，不过我发现，在生物学家莱奥·克雷斯皮（Leo Crespi）于 1940 年代初进行的一项实验中已经有了苗头。当然，他没有提到正义或非正义，但离这些概念却也不远。克雷斯皮说，最初，他的研究关注的是大白鼠的赌博倾向——他说，这使他以向大白鼠灌输轮盘赌和恶习而知名。但他没能得出什么有价值的结论，于是决定关注另一个似乎涌现自这些研究的问题，那就是给予大白鼠的鼓励——传统说法是"强化"，但是克雷斯皮称之为"激励"——的变化产生的影响。他发现，当他让大白鼠穿越迷宫时，只要能获得预期的奖赏，它们就能达到并保持一定的平均速度。这个结果稳定下来后，在后续的某次实验中增加奖赏，那么在下一次实验中，大白鼠就会以更快的速度行动，甚至比从一开始就能获得等量食物奖赏的对照组还要快。因此，重要的是对比，是大白鼠自觉可以期待的奖赏和实际获得的奖赏之间的差异，而不是奖赏量本身。反之亦然：如果在操作过程中减少奖励，那么在接下来的测试中，大白鼠的速度将大大放慢。克雷斯皮认为，在第一种情况下，实验鼠表现出了他所谓的"成功迷醉"，在第二种情况下则表现为一种失望的反应——在某些著作中，他时而称之为"挫折"，时而称之为"抑郁"。我怀疑他选择后一术语与"抑郁"一词在人类病理研究方面的巨大潜力不无关系（☛ I：Imprévisibles—无法预见）。诚然，这项研究并不能导出"失望的"大白鼠拥有"这不公平"的感觉的大胆命题，但其在当今动物福利研究中经常被提及的事实反映出它的思辨潜力：动物也许可以"评判"摆在它们面前的情况。

1964 年，朱尔斯·马瑟曼（Jules Masserman）和同事揭示，猕猴会在"吃东西而让同伴受苦"和"放弃吃东西"两个选项之间选择后者。实验中，两只猕猴被单独关在以单向镜隔开的两个笼子里。第一阶段，只有一侧的笼子有猕猴。研究人员教它在亮红灯和亮蓝灯时分别拉动一根链条以获得食物。第二阶段的测试，研究人员在另一侧笼子也放进一只猕猴，而单向镜的摆放方

向能让第一只猕猴看到隔壁的新来者。这时，拉动两根链条之一
在继续提供食物的同时，还会对另一侧的猕猴实施电击。在这种
安排下，操纵链条的猴子会发现其行为在同类身上造成的后果。
结果很明确：从那一刻起，绝大多数猴子避免碰触控制电击的链
条。有些猕猴甚至选择一根链条也不碰，再也不要任何食物。猴
子们宁愿挨饿也不愿给同伴造成痛苦。诚然，这些研究人员的结
论仍然没有触及正义或公平的问题；他们在引号中谨慎地提出了
"利他"行为的可能性，而在提到保护性行为时则没有加引号。
他们指出，在许多其他物种中也可以观察到这类保护性行为，并
建议在这个方向上进一步研究。建议得到响应，包括大鼠在内的
其他动物被用于验证这一假设。它们证实了马瑟曼的观点。

但是，最近，实验室中明确出现了动物可能具有正义感和非
正义感的想法。借着近来学界对"合作"研究兴趣大增的契机，
这一想法催生了若干研究项目。

2003年，心理学家莎拉·布鲁斯南（Sarah Brosnan）在《自
然》（*Nature*）杂志上发布了一项影响广泛的实验。她对一群卷
尾猴进行测试，以评估它们的正义感。测试对象是一组雌猴。实
验人员用黄瓜片与猴子交换事先提供给它们的石块。交换被视为
"合作行为"，这类测试也就属于所谓的"合作"测试大类。之所
以选择雌猴进行实验，这是由卷尾猴社会组织的特性决定的：在
野外，雌猴成群生活并共享食物，而雄猴则相对独立。在正常的
实验条件下，交换毫无困难，卷尾猴似乎渴望合作——估计它们
对研究人员也持相同看法。但是，如果卷尾猴看到它的某一个同
类在交易中换到的不是黄瓜片，而是它们更爱吃的柚子，那么它
就会拒绝合作下去。而当同伴不用交换任何东西——用研究人员

的话说"毫无付出"——便能收到柚子,旁观的卷尾猴就会更加排斥正常合作。它们有的拒绝黄瓜片,并转身背对实验人员,有的则接受下来……再把它们甩到实验人员脸上。研究人员得出结论,卷尾猴会评估局面,判断其是否公允。可能对某些物种而言,合作行为正是在这一可能性的背景上发展起来的。

这一观点或许也适用于其他一些动物,只是对它们而言事情要更难一些。因为长期以来,猿猴一直是灵长类学家塞尔玛·罗威尔揭示的"等级丑闻"的受益者:由于它们是人类近亲,所以研究者对它们寄望甚高。而越是在它们身上测试高级社会和认知能力,它们似乎就越是不负厚望,研究人员也就越要在它们身上测试更复杂的问题。其他动物,被认为更低级、更愚笨、更无能,并不总有机会赢得科学家的同等关注——话说回来,对于其中若干种动物,情况正在逐渐发生变化,这使它们获得了"名誉灵长类"的动听头衔(☛ M:Menteurs—欺骗者;☛ P:Pies—喜鹊)。

专攻认知神经心理学的生物学家马克·贝科夫(Mark Bekoff)便意识到,那些既不属于猿猴、也不在少数"名誉灵长类"之列的动物,它们要被认可拥有完善的道德或社会能力存在一定困难。如何以科学上可接受的方式证明动物以"正义"的方式处世,有一整套社会礼仪,并且清楚知道区分"非正义"之举?道德观念并非显露在外,证据体制难以施展。但是,贝科夫说,游戏不这样,动物的游戏状态可以轻松识别。而仔细观察游戏中的动物,可以明显看到它们在游戏中表现出某种非常敏感的辨别力,何为公平,何为不公,什么可接受,什么须反对,它们分得很清楚。简而言之,一种关乎道德习惯与准则的意识。

　　游戏时，动物动用属于其他活动领域的行为：它们攻击，啃咬，打滚，摔跤，挤撞，追逐，咆哮，威胁，逃跑。同样是用于捕食、攻击或冲突的动作，但含义有所不同。误会很少发生，那是因为游戏仅存在于某一不断表达且更新的协定的基础上，即"现在是闹着玩的"。正是这种协定决定了游戏的意义和存在。游戏中的动作与在其原用途中相同，但又有所不同，它们始终伴随着某种转译规则，以及确认转译成功、注明行动体制的眼神交流。

　　贝科夫说，游戏遵从信任、平等和相互性的体制。信任尤其来自这样一个事实，即游戏时间是安全的，犯规犯错会被原谅，道歉会被爽快接受，游戏有规则，但绝非为规则所定义。平等则来自另一个事实，即在游戏规则的框架内，哪个动物都不会利用另一动物的弱点，除非是为游戏服务。相互性是游戏最基本的条件：没有一个动物不是发自真心地游戏，没有一个动物会与不参加游戏的动物一起游戏，除非是由于很快会解除的误会。这就是所谓的风险，风险永远存在。游戏基于公平的原则，而动物会区分遵循原则和不遵循或不能很好遵循原则的对手。在游戏中，不能控制自己的力量或不能调换角色的动物，作弊的动物，不作通知便从游戏情境过渡到现实生活的动物，攻击玩伴的动物，总之不讲"公平游戏"（fair-play）的动物，几次游戏后将再也找不到游戏伙伴。

　　然而游戏并不仅仅是一组运作的规则。游戏需要某种成分，它无法以规则的形式表现出来，也很难以语言的形式表达，但在两只动物玩耍时清晰可辨。马克·贝科夫说，这是一种"游戏的心情"。那才是游戏，是游戏的乐趣所在。

游戏完全是为了营造和延续这种"游戏的心情"而存在。这种心情是游戏之所以为游戏的基础，也为游戏中的行为提供了转译的语境；是这种心情实现并创造出游戏伙伴间的协定。游戏的心情创造了这种协定，但其自身同时也由这种协定所创造。更确切地说，这是一种调谐（accordage），即节奏、情感、活力所赖以产生并协调一致的那类事件。

"表面虽则如此，但这始终是游戏"：有分寸的动作、它们的"心情"、不断交换的目光均可为证，它们一方面"诉说"正在发生的事情（孩子们游戏时所说的"就当"），一方面在"做"，使这一切发生并延续（玩下去）。换言之，动物说着它们的所做时，也在做着它们的所说。没有比这更能清楚地定义信任关系的基础了。

刚才这些说法并不出自贝科夫，但我坚信能够得到他的认同。因为长期以来，学界一直从功能角度来解释游戏：对于今后要完成的那些动作，它是一种训练；幼兽通过游戏初步接触与等级结构相关的冲突，等等。而贝科夫认为，游戏是一个学习的绝佳场合，动物通过游戏了解何者可为何者不可为，学会"正确"行事以符合期待，学会鉴别其他动物回应这一务实的"正确"理想的方式。游戏建立了信任的可能性。教会动物"小心"，否则将"不再是游戏"。教会动物其他角色、其他可能的存在模式，如在和比自己年幼或体弱的玩伴游戏时以大扮小、以强扮弱，或者虽快乐但假装发怒。游戏教动物在与他者的关系中学习。在快乐之美中，根据公平的准则，游戏提供并培养多种与其他动物协调的方式。借用唐娜·哈拉维的观点来评论贝科夫的研究，这也就是说，动物在游戏中学习承担责任——也即互相回应，学习尊重——按其词源学上的本义，也即还以目光。动物就是如此行为的。很具体。道德非常有趣，也非常严肃，无比快乐，也无比庄严。而在动物之间，道德就是通过野性一笑而习得的。

当然，我们赋予正义、协定、回应、尊重这些措辞的含义远远超出了科学界认可范围。马克·贝科夫的整个职业生涯都是在与同行的辩论和争议中度过的。他不断被人教训说"这不科学"。涉及游戏，这些措辞超出科学研究可接受的范围不足为奇。因为，如果说游戏带来了什么，那就是改变含义，打破字面的意义。游戏是同音异义（homonymie）的天堂：在其他情况下反映恐惧、攻击、力量关系的动作，在游戏中意义重新调整，除却旧义，重构新义；这些动作不再指涉原有的含义。游戏是发明和创造的场所，是个体和意义去同化异的变形场所。游戏是不可预测之地，但始终遵循着引导这一创造力及其"校正"的规则。简而言之，就是寓正义于快乐之美。

关于本章

多年来，工程师伊莎贝拉·莫兹（Isabelle Mauz）对动物保护领域进行了令人瞩目的社会学研究。她的研究给我提供了许多启发，帮助我把此类冲突当成政治场景来思考，在此场景中，人类参与者严肃对待动物同样也是政治参与者这一事实。参见：Isabelle MAUZ, *Gens, Cornes et crocs*, Quae, Paris, 2005。

非无辜和妥协的话题在唐娜·哈拉维的《当物种相遇》（*When Species Meet*, op.cit）中占了很大篇幅。埃米莉·阿什在一本非常精彩的书中延续了哈拉维的思考：Émilie HACHE, *Ce à quoi nous tenons*, Les Empêcheurs de penser en rond/La Découverte, Paris, 2011。我所引用的把妥协视作"牵累自己名誉"、在原则上让步的文字正是出自这本书。

动物诉讼的例子摘引自杰佛瑞·圣克莱尔（Jeffrey St Clair）[1] 为下列著作撰写的序言：Jason HRIBAL, *Fear of the Animal Planet: The Hidden History of Animal Resistance*, op. cit。

关于这些诉讼终结的详细历史可参见埃里克·巴拉泰解释动物驱魔和开除教籍操作背景和形式的文章。他指出，这并不是向着更理性的进步，而是一个逐渐把动物排除在共同体之外的过程。而一旦接受从一开始就将动物排除在这个共同体之外，那么从前以个案审理方式实际排除某些动物的开除教籍操作就再也没有用武之地。参见：Éric BARATAY, «L'exorcisme des animaux au XVIIIe siècle. Une négociation entre bêtes, fidèles et clergé», *Histoire Ecclésiastique*（即将发表）。

关于克雷斯皮和"失望的"或"成功迷醉"的老鼠，我们可在 garfield. library. upenn. edu 网站上找到他较晚的一篇文章（1981），这篇文章其实是他发表于 1966 年的文章稍作修订后的版本。

朱尔斯·马瑟曼讨论电击同类风险实验的文章是：Jules MASSERMAN, «"Altruistic" Behavior in Rhesus Monkeys», *The American Journal of Psychiatry*, 121, décembre 1964, p. 584—585。读者也可在 madisonmonkeys. com 网站上浏览。

---

[1] 美国调查记者，出版人。

莎拉·布鲁斯南的文章：Sarah BROSNAN et Frans DE WAAL, «Monkeys Reject Unequal Pay», *Nature*, 425, septembre 2005, p. 297—299。

马克·贝科夫关于动物游戏的研究已发表在诸多书籍和文章中。我主要参考的是 2001 年发表的一篇文章：Mark BEKOFF, «Social Play Behaviour: Cooperation, Fairness, Trust, and the Evolution of Morality», *Journal of Consciousness Studies*, 8, p. 81—90。该文可在 imprint. co. uk 网站上浏览。我所引用的欧文·伯恩斯坦认为无法通过科学来衡量道德的文字也摘自该文。我必须指出，贝科夫在游戏与正义之间建构的联系在英语表达中体现得更为明显，这要归功于英语 fair（公平的）及其衍生词 fairness（公平性）所提供的可能性。芭芭拉·卡森（Barbara Cassin）主编的《欧洲哲学词汇》将 fair 一词视为"不可译"。对约翰·罗尔斯（John Rawls）[①] 理论的法文翻译选择了 équité（平等）一词（出自凯瑟琳·奥达［Catherine Audard］的手笔，她负责《词汇》中有关罗尔斯词条的撰写），强调罗尔斯将正义归结一种协定的结果。法语照搬了英语 fair-play 一词，指不搞欺诈、不使用非诚实手段或强权，以及尊重游戏规则，但没能翻译出 fair 所传达的诚实的概念。参见：Barbara CASSIN（dir.），*Vocabulaire européen des philosophies*, Seuil/Robert, Paris, 2004。

除了贝科夫的观点，我还在很大程度上参考了以下著作：Donna HARAWAY, *When Species Meet*, op. cit.

[①] 1921—2002，美国自由主义政治哲学家，著有《正义论》（*A Theory of Justice*）。

K：Kilos——千克
可被屠宰的物种存在吗？

2009 年，总共有 23.89 亿千克的养殖动物死亡。它们被吃掉了。如果要评估该年度死亡动物的总重量，那么除了上述动物，还要加上被猎杀、路杀、自然衰老或患病死去、被执行安乐死、被人类之外的掠食者吃掉、出于卫生原因扑杀、因缺乏产出而停止饲养的动物。我的罗列肯定还有遗漏。

同年，有多少千克人类消失了呢？我们不会问这类问题，或者更确切地说，我们不会以这种方式提问。提到人类的死亡数字，我们或者根据某个平均值来计算，或者进行某种推导，或者分类统计，但绝不会以千克或吨为单位，而是以"人"为单位：每天有 25000 人死于营养不良，8000 人死于艾滋病，6300 人死于劳动事故。我可以把这个清单一直列下去，不费太多周折地找到交通事故死亡人数、暴力事件死亡人数、吸毒致死人数……

这些数据的分布情况以及采集方式揭示出我们与这些死亡的某种关系：它们传递的并非单一信息，也不仅仅是对世界的某种统计。在整个采集和调整工作背后，数字带有原因（cause）的印记，不仅是因果关系意义上的原因，尤其还是吕克·博尔坦斯基（Luc Boltanski）和洛朗·泰弗诺（Laurent Thévenot）两人所定义的原因。

这两位社会学家认为，原因来自营造某一身份的集体努力，这一身份旨在动员社会，以揭露并制止某种不公。这些死亡，无论是由于艾滋病、劳动事故还是营养不良，在各自类别中，都被赋予了某种共性：它们都可以避免，所以都是冤死；连接这些死亡的纽带是它们本可以不发生，如果我们采取措施，如果我们考虑到受害者，如果我们对死因有所作为，如通过预防计划、重新分配财富、改革劳动组织方式……

对于吕克·博尔坦斯基和洛朗·泰弗诺而言，某一事项成为"原因"要求对受害人"去特征化"（désingulariser）：他们现在被各自的死亡所定义。那些爆料揭露23.89亿千克死去的养殖动物的网站进行的就是这一操作。网站的表述在语义上显然与我的表述略有不同：全年消费了238.9万吨肉。千克或吨不会死亡，而是被消费。在这一数据背后，不仅有不止一个原因，还有许多需要社会动员去改变的后果，如环境、发展中国家的命运、臭氧层、食肉者的健康，以及动物本身。死去的动物有一定重量，但对不同领域来说分量各不相同：它是牛的甲烷排放量，是食肉者的心血管疾病量，是喂养动物的成吨谷物，是毁林种植这些成吨谷物砍伐的树木量……

我们注意到，去特征化并非以相同的方式进行：被屠宰的动物被描述成以千克计的肉，死亡的人类则按人数。的确，对于动物而言，消费逻辑和对消费逻辑的揭露主导了上述转译方式。这种转译方式能够吸引并团结所有与高密度养殖——主要针对目标——有关的人，无论他们是否关心动物的命运：您对养殖动物的命运无动于衷，但或许关心为养殖业提供饲料的农业活动在毁林方面的影响；您不关心毁林，但或许担心甲烷对臭氧层的破坏；您是气候变化怀疑论者，但或许自己的健康问题会令您警觉。

不过这类论述的实际效果值得怀疑。因为通过重量单位的角度切入运作并建构"原因"的去特征化操作，不仅会是一件使用起来相当危险的武器——事实上，一些采用这一话语的积极分子已经认识到他们援引的事实将引发危险的讨论，对他们产生反噬，而且在某种程度上延续了所谓的本体论断层效应：人类和动物在本体论上存在着如此巨大的差异，它们的死亡毫无相提并论的可能性。人类死后是身体（corps），是遗体（dépouille）；动物死后，如果不是用于食用的话，则是骨架（carcasse）或尸体（cadavre）。当然，对于人类而言，尸体（cadavre）的说法也存在，但是在非常特殊的情况下。假如我们按照刑侦小说和刑侦剧集里的用法，通常，尸体（cadavre）指的是一种"等候"解决的过渡状态。人们发现一具已经死亡的身体，它尚未或无法被熟悉死者的人"认领"为某人，便管它叫"尸体"。尸体只在被"认领"、被还给亲属前称为尸体。亲属领回后，尸体就成为某一"逝者"的"身体"：一个"别人眼中"的死者，一个在生者庇护下开始其死者存在的死者。

用吨或千克来表达，属于诺埃莉·维亚勒（Noëlie Vialles）[1] 描述的那种从动物肉类食用者到"石棺"（sacrophage）的物质与语义转译操作。在维亚勒的分析中，"石棺"指一种越来越明显的抹除所有会让人们想起活体动物的元素的倾向，所有，她写道，"让人过于明显地联想到动物，联想到个体形态与生命，及其处死操作"的成分。对处死操作的隐藏如今已是显而易见，屠宰场已经从城市中消失了。能够让人想起活体动物、想起作为生命体之动物的一切也都消失了。能够让人想起动物本来面目的那些最明显的特征现在都被遮蔽起来。1970 年代以前出生的每个人都可以证明，从前摆在肉摊最显眼位置的小牛头、整鸡——有时还未拔毛、整只野味动物都逐渐从视线中消失了。如今，这种隐藏的最高境界是汉堡包，构成了美国近一半的牛肉消费。

把死去的动物转变成认不出来路的其他东西，这就是社会学家卡特琳·雷米（Catherine Rémy）所称的"去动物化"（désanimalisation）的结果。它的运作机制与我刚才对人类的描述相反：在屠宰场，动物从身体变成骨架。消费实践主导了接下来的变化。诺埃莉·维亚勒指出，从此我们开始说"猪肉""牛肉""小牛肉"，动物的身体部位转译成了烹饪模式：烤（的）肉，煮（的）肉，炖（的）肉。这种遮蔽随着动物被切割成块，同样发生在物质层面上，并再次通过大多数情况下与解剖名词无关的语词得到体现：条子肉、蛛网肉、大腿肉、腿肉、肋骨牛排、方块

---

① 法国社会人类学家，食肉行为是其主要研究方向。

肉、宽肉、线肉、脊骨肉、小腿肉、排骨肉。[①] 于是这些肉便似乎成了卡特琳·雷米所谓的某种"拆卸"（désassemblage）过程的产物，仿佛它们被划入的新范畴——烤（的）肉、排骨肉或线肉——是天然的，因而是不言而喻且毫无问题的。这样一来，在屠宰场中实施的这一拆卸过程俨然一种"毫无困难"的转变的结果。更不用说这一转变在物质和想象层面上把主导转变的暴力擦得一干二净。我们不妨回想一下《丁丁在美国》中的这幅画面：在一家屠宰工厂，丁丁目瞪口呆地看着一头牛瞬间变成了咸牛肉罐头、牛肉肠和炸薯条的动物油。

诺埃莉·维亚勒写道，我们食用动物以获取"生命效应"，但是又希望此类效应"与提供养分的生命体无关"。简而言之，我们采取了遗忘。

以何名义责备这种无知？如果知情的目的仅是要改变我们与自己的关系，而丝毫不去改变我们与外物的关系，那么这种揭露毫无用处。揭露要能迫使我们放慢脚步、踌躇反思才有意义。正是在这一点上，我认为以吨数这种措辞谴责肉类消耗的做法颇有问题。虽说从策略上看，这么做能够凝聚各种关切，"携手合作"，促进减少肉类消费，引发对养殖工业化——这两件矛盾的事放在一起真是绝了——的质疑，但与此同时，恰恰与这些"养殖"动物变为"生产"而成的消费品的方式有了不妙的相似。因为使用这些语词来谈论动物之死，反而会让谴责的话语危险地靠拢那些参与动物去主体化（désubjectivation）的实践使用的话语，

---

① 通常，"条子肉"（onglet）译作"膈柱肌肉"，"蛛网肉"（araignée）译作"嫩牛腿肉"，"宽肉"（travers）译作"牛腰肉"，"线肉"（filet）译作"里脊"。此处为突出它们"与解剖名词无关"的特征，采用了现在的处理。

称为——称谓本身就很能说明问题——"动物生产系统"的实践。我们谴责所食之物的方式使用并因此接受了所食之物的生产方式。不妨看一眼某个养猪业网站:满眼都是数字,吨数和百分比,各种对比图,或是以可视方式表现数据分布的彩色圆形示意图——在应用统计领域俗称"饼图"。社会学家约瑟琳·波切指出,在生产系统中,产能已成为工作意义之所在。她注意到,自1970 年代实施合理化生产计划以来,"养猪业积累了大量所谓可以体现工作成绩的数据"。她补充:"数字生产最终取代了思想。"

数字最终扮演了一个类似上文提及的"石棺"逻辑的角色:阻止思考,让人遗忘。

哲学家唐娜·哈拉维发现,从统计学上讲,人与动物关系中最常见的形式就是人杀动物。那些怀疑这一说法的人大概忘了近年来的一系列大屠杀,不论是由于疯牛病、禽流感、口蹄疫还是羊瘙痒症。她说,在这个世界,不重视这些事实,就算不上一个认真——负责——之人。她补充说,知道如何认真对待远非易事。无论我们试图与这些事实保持何种距离,"没有一种生存方式,对于一个'某人'而不是'某物'来说,同时不是一种死得不同的方式"。对于某人而不是某物:把我们引向大屠杀的并不是杀戮行为本身,而是"把某些生物当成可杀"。她还说,诚然,伦理素食主义已经注意到一个必要的真相,即我们与动物所谓的正常关系中存在着的极端暴行。只是,若要一个"多物种"世界存在,就需要"同时有一些相互矛盾的真相",这些真相会在我们认真对待某一规则时显现,不是构成人类特殊论的规则"不可杀人",而是另一条,"不可将任何生物视为可杀",它迫使我们直面一个事实,即饲养和宰杀是世上全部同伴物种(companion species）形成的关系中绕不开的一个部分。

哈拉维还说，我们需要找到，而且是在牺牲的永恒逻辑之外，找到一种尊敬动物的方式。在"同伴物种"个体生活、受苦、劳动、死亡和觅食的所有地方，从团结人类与动物的实验室到养殖场，再到我们的餐桌，我们都需要找到这种方式。

这种尊敬动物的方式尚待发明。它要求我们注意用词和言说方式，那会影响行动和存在的方式；它还要求我们仔细掂量，发明转义，培养那些能够提醒我们没有什么是不言而喻、或者说"并非所有的事情都是不言而喻"的同音异义（☞ Versions—译为母语）。

基于此，我喜欢约瑟琳·波切的说法。她提出，不管是出于食用还是其他目的——对此我们必须要能负责任地说清楚——被我们杀掉的动物也是**死者**。死者，而非骨架（carcasse）、若干千克肉、食品，而是一个生物，它以另一种方式在其喂养并确保存活的生者间继续存在。一个纵使不在我们的记忆中也至少在我们的身体里延续其存在的死者。剩下的就是要学会如何创建记忆，如哈拉维所建议的那样"在肉身中继承"，学会共同创造历史。同伴物种的生命彼此交织得如此紧密，各自会因其他物种的存在而有不一样的生与死。

哲学家盖瑞·沃尔夫（Cary Wolfe）[①] 进一步阐发了约瑟琳·波切的主张。他重拾"9·11"悲剧后朱迪斯·巴特勒（Judith Butler）[②] 提出的问题："哪些命才算命？"这个关于重要的或者自

[①]　美国哲学家，后人类主义理论家，动物研究也是其主要方向。
[②]　美国后现代主义思想家，女性主义哲学家。

诩重要的生命的问题,可以转化为另一个非常具体的问题:"是什么构成了人们可以为之哀悼的生命?"沃尔夫说,诚然,朱迪斯·巴特勒并没有把动物包含在其死亡可以唤起悲痛的生命当中。但是,他相信,将动物也涵盖在这一问题之中并不违背巴特勒的思想。他说,因为对巴特勒而言,我们必须思考这个问题,因为我们生活在一个生命体相互依赖的世界中,尤其会**为了**且**由于**他者而易受伤害(vulnérable)。虽则如此。但是易受伤害性(vulnérabilité)并不赋予动物被动或牺牲的受害者身份。我认为,沃尔夫把"死亡可以唤起悲痛的生命"还置于物种间关系具体且日常的维度,从而避免了这个难点,这些维度中存在一种巴特勒所说的"共有的易受伤害性"(vulnérabilité commune)的特殊形式。沃尔夫写道:"为什么非人类的生命就不能算是人们可以为之哀悼的生命呢?要知道无数的人会为失去自己的动物伴侣而伤心,甚至极为伤心。"他之所以提出这个问题,不是为了提醒我们这种体验有多平常。我认为,这个问题在沃尔夫的论证中起到决定性的作用。因为提出这个问题避免了易受伤害性与受害者身份挂钩,易受伤害性也不单单等同于脆弱性(fragilité);这种易受伤害性源于对一种责任关系的积极承诺。在这种关系中,每个生物体学会相互回应,学会为这一关系负责:承诺悲痛,生命才会重要;接受悲痛,生命变得重要。面对悲痛,承担起易受伤害的风险,以使易受伤害的生命不至于毫无意义,以使它们"才算命",和动物一起但各司其责地承担起一个易受伤害的共同未来,在我看来,这就是回应哈拉维与同伴物种共同创造历史的主张的方式。约瑟琳·波切和我曾经采访过一些养殖者,他们就是这样做的。对于这些养殖者,任何选择都不容易,他们也由此感到悲痛。他们家中墙上挂着的某些牛的照片向我们诉说了这一点；他们给动物取的名字——要知道名字本身就意味悲伤和记忆的可能性——也可以为证。他们说不会向自己的动物请求宽恕，但会向它们表达感谢，同样体现出这一责任关系。

这些思考并不要给出某个特定的意义，尊重死者或思考死者值得尊重之处也不是。但要求我们去寻找这个意义。学会创造这个意义，即使它没有那么不言而喻——也千万不要变得不言而喻。

关于本章

我在此提及的人类各种死亡数字，读者可在 fr. wikipedia. org、actualutte. info、sida-info-service. org 等网站上找到。有关主要死亡原因的实时统计信息，可查询 planetoscope. com。

涉及每年被消费掉的动物肉类总量，我查阅了 notre-planete. info 和 petafrance. com 这两个网站。

有一篇从实用政治角度对斗争策略的有趣批判：Erik MARCUS, « Démanteler l'industrie de la viande », *Cahiers antispécistes*, 30—31, décembre 2008：cahiers-antispecistes. org。文中，作者详细讨论了根除肉类工业与废除奴隶制之间的相似性，相似性来自作者的如下观点：这两种斗争都无法以达致完美为最终目标。

有关"原因"的内容，参见：Luc BOLTANSKI et Laurent THÉVENOT, *De la Justification. Les économies de la grandeur*,

Gallimard, Paris, 1991。有关尸体处理,参见:Grégoire CHA-MAYOU, *Les Corps vils*, Les Empêcheurs de penser en rond/La Découverte, Paris, 2008。

关于"石棺"的概念,人类学家诺埃莉·维亚勒的文章在动物处死研究领域影响深远:Noëlie VIALLES, «La viande ou la bête? », *Terrain*, 10, 1988, p. 86—96。该文可在 terrain. revues. org 网站上查看。最近,我还发现了一个精彩的经验证据,可以证明维亚勒的观点,感谢莫德·克里斯滕(Maud Kristen)转发给我。Youtube 网站上有一段视频以"恶作剧偷拍"形式,拍了一段可谓社会心理学实验的内容。一家超市中的肉贩邀请消费者试吃新鲜的猪肉肠。试吃过后,他提议为顾客现做肉肠供他们选购,这样更新鲜。顾客们一开始接受了推销,直到他们看到肉贩拿出一只活蹦乱跳的乳猪,塞进一个带有曲柄的箱子,然后关上盖子,转动曲柄,肉肠从另一侧的小孔里冒出来。顾客们的恐惧、愤怒、恶心,对这种肉制品的拒绝,充分揭示了肉类消费所依靠的那些遗忘机制。读者可在 youtube. com 网站上搜索 *Moedorde porco*。

动物切割和加工方面的文字受了卡特琳·雷米田野工作的启发。更具体地说,得益于她引述的一群小说家——厄普顿·辛克莱(Upton Sinclair)、贝托尔特·布莱希特(Bertolt Brecht)、乔治·杜阿梅尔(Georges Duhamel)——讲述各自参观屠宰场经历的文字:Catherine RÉMY, *La Fin des bêtes. Une ethnographie de la mise à mort des animaux*, Economica, Paris, 2009。

关于数字取代思想的引用文字,以及将死亡动物视为死者的提议,来自于另一本精彩的著作:Jocelyne PORCHER, *Vivre* *avec les animaux. Une utopie pour le XIXe siècle*, La Découverte, Paris, 2011。

　　唐娜·哈拉维在《当物种相遇》(*When Species Meet*) 一书中提出了任何物种都不应被认为先天可杀，以及生命个体的生存必会改变另一个体生死的观点。美国哲学家盖瑞·沃尔夫的分析则来自他尚未出版的最新著作，他友好地让我阅读了手稿：*Before the Law: Humans and Other Animals in a Biopolitical Frame* (即将由芝加哥大学出版社出版)。

L：Laboratoire—实验室
实验里的小白鼠对什么感兴趣？

哲学家维姬·赫恩说，她曾听闻经验丰富的实验人员向年轻科学家建议，实验动物不要选猫。我想顺便指出：还有人强烈建议不要用鹦鹉来做实验，因为它们不仅完全不照要求去做，而且还会在逗留期间兢兢业业地破坏全部设备。按照美国实验人员的标准来看，鹦鹉完全没有公民意识。它们难以抑制的好奇心、明显的无聊或性格障碍表现都是经常会被提及的原因。至于猫，维姬·赫恩转述有经验的实验人员的话说，在某些情况下，如果以食物为诱饵让一只猫来解决一个问题或执行某项任务，它能很快完成，比较研究中反映其智力水平的曲线会以很陡的角度上扬。但是，她直接引用一名实验人员的话："问题是，一旦它们明白研究人员或技术人员**想要**它们推动操纵杆，猫就会停止这样做，有些猫甚至宁愿饿死也不继续实验。"她扼要说,据她所知,这一彻底反行为主义的理论从未发表过。其正式版本为:不要使用猫,它们会毁了数据。

赫恩解释道,与人们所想的相反,猫其实并不拒绝取悦人类。而且,对它们来说,人类的期望其实非常重要,也是它们会认真对待的任务。正因为认真对待,所以当人们不容它自由选择回应与否这一期待时,猫直接拒绝。

对于我们当中的某些人而言,这一解释或许隐约有种拟人倾向的气息。这种气息很容易辨认:在这个故事中,猫被认为具有独立的意志、欲望和合作精神——但并非在任何条件下都愿合作。在此可见一位"非科学人士"(☞ F:Faire-science—搞科学)的印记。事实上,在成为哲学家之前,维姬·赫恩是一名驯犬师和驯马师。她说,自己之所以渴望成为哲学家,是希望找到一种恰当的方式来转译驯兽师们的经验,找到可以表述这些经验的精准话语。

但是,即使维姬·赫恩有理由断言,猫因为不得不做而不愿推操纵杆的说法是一种彻底的反行为主义理论,这实际上也并不完全正确。根据科学社会学家迈克尔·林奇(Michael Lynch)的研究,行为主义者用以归咎实验室失败的笑话"猫毁了数据"并无出格与出奇之处。在实验室里还可以听到很多其他说法。林奇指出,在实验室中,有两种对于实验动物的看法:一种认为实验动物是"分析性技术客体"(objet technique analytique),另一种则目之为"整体性自然生物"(créature naturelle holistique)。第二种观点构成了某种默认的知识领域,在正式报告中从不提及,但在行动过程中经常以滑稽故事的形式被随意使用。根据林奇的说法，幽默可助人远离无法纳入"搞科学"体系的内容。这两种看法实际上充满张力，第二种是一种天然的态度，会在拥有意向之生命个体相遇时出现，第一种则对应于行为主义者否认实验者与其受试客体之间一切接触的要求。因此，科学家一旦走出幕后报告自己的研究结果，这种实践中一直存在的拟人倾向就会消失。

上文中的"因此"说得有点太快了。这相当于假设仅仅通过文字转译就能消除拟人倾向，因为幽默为这种消失的可能性做好了准备。事情其实没那么简单，这一操作远在学术论文生产作业之前就已经开始了。首先，否认并不单纯是行为主义清教徒式科学写作的产物。其次，重点也不仅仅是否认。最后，拟人倾向既非仅仅存在于幕后，也未消失：**它不可感知**。换言之，它被隐形了。

之所以能够隐形成功得归因于一系列主导了动物心理学实验室诞生的操作和程序。

这些操作主要有两种。一方面，基本上整个实验设置就是为了不让动物有机会展现其就任务安排而采取立场。换言之，"这会在哪些方面让动物感兴趣？"的问题从来没人**严肃**提出过。实验条件便不容研究人员落入拟人倾向，他们既不会让动物屈服于诱惑，也不会让自己把动物带偏。另一方面，拟人倾向之所以藏而不露，那是因为科学家让我们把所有的注意力都放在他们最易控制的方面，即实验报告的文字和解读上。

"这会在哪些方面让动物感兴趣？"实际上包含了两问。其一，很简单，问题涉及实验是否让动物感兴趣。不过，鉴于大多数情况下的实验设计方式，这一层问题没有任何提出的可能。主导实验设置的强制性决定了这一点。有什么必要去问一只饥饿的老鼠是否有兴趣跑迷宫、在无数分岔中寻路以找到食物呢，反正它别无选择。用不着它对此感兴趣，它被激励或者鼓动去这样做。这是两回事。

动物抗拒或积极表现出自己不感兴趣的态度自然导致人们思考这种可能性：它也许**不**感兴趣？解决方案通常比较简单，就是将猫、鹦鹉或另几种动物直接排除在学习研究之外。多数情况下，行为主义者说它们不"受条件影响"。这正是行为主义实验室中发生在鹦鹉身上的事情。没能教会鹦鹉说话，受挫折的科学家最终同意了斯金纳的观点，他断言语言是本能的，无法通过条件反射来操作本能或反射——除了唾液反射，巴甫洛夫的狗和铃铛实现了这一点。有必要说明一下当时人们在实验室里是如何教那些据说会说话的鸟类说话的。研究人员把鹦鹉和八哥放在实验箱里，给它们循环播放录有某些单词或句子的磁带，在它们听到单词或句子的同时，自动向它们提供一份食物奖励。根据条件反射理论，正常的话，受试对象应该能学会复述"条件刺激"。然而，它们没有这样做。研究人员因而得出结论，斯金纳是正确的。但是心理学家奥维尔·莫瑞尔（Orval Mowrer）指出，通过观察实验结束后发生的事情，研究人员本可发现**其他**失败原因的线索：实验室助手把其中的两只八哥当做宠物收养，它们说话了，说得非常流利。

回到"这会在哪些方面让动物感兴趣？"的问题。该问题的另一层含义同样也因实验设置而无从着落，它问的是实验对象以何种特殊模式展现其对测试项目的兴趣程度。因为在此类实验中，动物不仅必须回应对它提出的要求，而且还必须按照问题提出的模式来回应。例如，后来被助手收养开口说话的八哥再未成为论文或研究的对象，因为它们没有遵从实验规程，或者说它们说话是出于"不对的理由"。如果动物在其感兴趣的范畴里，根据自己的习惯做出反应，那么，某种程度上，研究人员会认为动物在"要花招"——它本可按要求回应，却偏偏出于"不对的理由"来回应。研究工作就是要看穿动物的这些花招，当然还要瓦解它们。在这方面，对会说话的动物的研究堪称典范：使用录音带并不是简单地把工作变得机械化，而是因为录音可以"净化"学习条件。如果动物能在这一条件下学习，那么它就能够在任何情况下学会说话，开口将不再依赖某种特定关系及其包含的"能让动物说话"的研究者的所有影响、期待……总之，这种能力将足够抽象，适用于各种一般性的论述。

从普通的清洁到残酷的肉刑，瓦解动物花招的措施极为多样。单以那些破坏性较小的措施来说，我们知道科学家会反复用水冲洗老鼠奔跑过的迷宫。在多年围绕条件学习理论的艰苦研究中，科学家发现，这些机灵的老鼠其实并未记忆哪些小道通向奖赏，哪些又是死胡同：它们对每条小道都做了气味标记。这些标记并非无关紧要，它们向老鼠清楚地标明"这是死胡同"（或许是一种沮丧的气味？）、"这里走就对了"。这种花招反映出的不是基于记忆的学习，而是老鼠天赋中的其他东西，但不管是人类还是条件学习的理论家对此都不感兴趣。换言之，不管老鼠对有待解决的问题兴趣如何，它都必须按照研究人员感兴趣的方式解决它。这实际上便是"这会在哪些方面让动物感兴趣？"这一问题另一层含义无着落的反映。因为，正如我们所看到的，如果动物以其习用的方式对问题做出回应，那么它的回答就没有"一般性"。这意味着它给出的答案无法普遍适用。更糟糕的是,如果它的回应是出于与研究者的关系,或者出于其自身原因但与所处特定境遇有关,那么,这一回答的"非中立性"将进一步损害研究的普遍性。强制条件下的回答本身并不"中立",这无论如何都是不可能的,只是科学家觉得可以认为强制操作得到的回答与所有同一强制操作下得到的回答没有区别。强制操作正是因此获得了其核心特征:隐形。所有老鼠在所有的迷宫中都因为饥饿而奔跑。这就很轻松地了结了这层问题。当然,前提是实验人员已经彻底清洁了设备。否则的话,你将不得不考虑其他解释。比如,老鼠前进并不是因为食物目标的激励,而是分段进行,一段接一段。每到一处,它都会读取气味信息,并受到指引,"此路不通""那里能过""也许是在更远的地方""我认识这种气味,这是我熟悉的地方"等。也许,还有其他动机也在发挥作用。出于这些动机,恢复习性的老鼠可能会忘记饥饿。我们又焉知老鼠的动机?或者,正如一位青年女学者曾向我提及的那样,更糟:她注意到,老鼠在有人观看的时候跑得更快。如果我们考虑到莱奥·克雷斯皮的实验——他表示,在某些实验中,老鼠会因对奖励不满而改变它们的表现;而当奖励超出期望时,它们会感到成功的迷醉(☞ J:Justice—正义)——可能的动机将愈发灾难性地增加。或者糟到极致,一如罗森塔尔(Rosenthal)① 如今已成经典的实验所展示的那样:如果实验人员认为老鼠在测试中表现出色,并因此和它们建立了更好的关系,那么老鼠将更快地习得路线。

---

① 1933—2024,美国心理学家,罗森塔尔效应(又称皮格马利翁效应)的发现者。

的确，回避了阐明、想象或思考动物配合研究之原因这一难题，也就避开了拟人倾向的风险。确实如此。而且我的第一反应是拒绝这种说法：拟人倾向仍然存在，因为还有什么情况能比要求动物放弃自己的习惯，选择研究者认为人类自己的学习方式更具有拟人倾向呢？只是研究人员不"认为"人类以这种方式学习，事实上，他们不这样想。这不是他们的关注点。他们关注的是学习以"对的理由"进行，也即适合实验的理由。因此，实验中拟人倾向的特定形式更加难以觉察，它伪装成了一种"学术中心主义"（académicocentrisme）。学术中心主义的做法不仅表现在迷宫气味问题的处理上，它在语言学习研究中表现得更加明显。这一学习研究基于狭义的语言概念，即把语言视为纯粹的参照系统，仅用于指代事物——这是一种非常学术化的语言概念。因而语言学习仅仅与记忆有关——大体上，就是全凭死记硬背的方式。人类和动物都不这样学说话。但是，确实，人类经过漫长的严格训练，可以按照这些程序来"学习"。

读者可能会批评我前后不一，故意挑起争论。我认为清洗迷宫或者从学习中剔除关系层面因素的实验程序是一种人类中心主义。同时，我又几乎不加掩饰地附和克雷斯皮的认识，认为根据期望得到满足与否，老鼠也会兴奋或失望。其实，我并不打算引发争论。我试图把拟人倾向的问题复杂化，从而摆脱争论。在当下语境，让该问题复杂化要求我们重新拷问习惯做法，将这些做法转化为能够吸引动物、让动物感兴趣、也让我们感兴趣的体制（☞ U：Umwelt—周围世界）。

"这会在哪些方面让动物感兴趣？"的问题会让我们探索更多假说、思辨、想象，把出乎意料的后果视为给予我们的恩惠，而不是阻碍。这是一个有风险的问题。它不仅仅是猜测，而是积极、严苛，甚至是聪明的研究。这也是一个实用且务实的问题。它不仅仅要理解或揭示某种兴趣，而且还制造兴趣，转变兴趣，与动物就兴趣展开协商。如何让鹦鹉说话？说话在哪些方面让鹦鹉感兴趣？当然，我们再也不能使用录音带加食物奖励这种行为主义装置。包括奥维尔·莫瑞尔在内的一些研究者接受了教训。必须为鹦鹉创造关系，并提供奖励。然而也是白费劲。莫瑞尔的鹦鹉只学会了"哈喽"，而以对话标准来衡量，甚至用得还不对。因为每次说"哈喽"都能得到花生，所以它以为"哈喽"指"花生"。有关系不够，有花生也不够。必须建立起兴趣。正是从兴趣角度，艾琳·佩珀伯格开始了她的研究。兴趣会建立，会改变，甚至会"耍花招"。这就是她和她领养的非洲灰鹦鹉亚历克斯所做的事情。艾琳·佩珀伯格首先耍了个花招。鹦鹉训练师都很清楚，非洲灰鹦鹉具有敏锐的竞争意识。所以，艾琳·佩珀伯格没有一开始就试图教亚历克斯说话，她假装给一名助手上课让它旁听。到了一定时候，亚历克斯想要超越作为榜样的助手，便开口讲话了。而且它说得很好，因为它明白通过讲话它可以得到一些东西——花生以外的东西，可以与研究团队建立关系，以及很多其他可能性。我把这个过程描述得有些简单，好像是自然而然的。实际并非如此。这是一项漫长、冒险、严苛的工作。佩珀伯格认为发生的事情在两方面都极为特殊。一方面，亚历克斯学习的是另一物种的语言；另一方面，亚历克斯学习的时候早已过了所谓的"敏感学习期"，即在正常条件下鹦鹉向同类动物学习的时期。佩珀伯格写道，"特殊"一词同时意味着必须格外留意可能阻碍这一学习的所有因素，将它们也考虑在内。因此对训练的要求更高了。策略与分寸，策略与警觉：导师和鸟类学生之间的调谐必须更精准、更匹配——遇到困难时适当放慢脚步，为免无聊则适当加快进度，加强双方的互动，用她的话说，确保"学习效果尽可能接近现实世界中的结果"，即能够有所收获，并影响他者。

　　但是，不管佩珀伯格怎么说，这就是现实世界，一个实验室里的现实世界。的确，这是一个特殊的实验室。在这里，不同物种的生物一起工作。在这个现实世界中，一只鹦鹉会在每天晚上它的实验员准备回家时对她说："再见。我现在要吃饭了。明天见。"

关于本章

　　实验猫的例子参见：«What It is abouts Cats», in Vicki HEARNE, *Adam's Task. Calling Animals by Name*, Skyhorse, New York, 2007.

　　迈克尔·林奇写了很多关于实验室习俗的文章，尤其是：«Sacrifice and the Transformation of the Animal Body into a Scientific Object: Laboratory Culture and Ritual Practice in the Neurosciences», *Social Studies of Science*, 18, 2, 1988, p. 265—289。其分析主线可参见：Catherine RÉMY, *La Fin des bêtes*, op. cit。

　　奥维尔·莫瑞尔讲述的八哥在脱离学习桎梏后开始讲话的故事转引自：Donald GRIFFIN, *Animal Minds*, Chicago University Press, Chicago, 1992。

说话、学习等出于"不对的理由"的表述是受了伊莎贝尔·斯坦格斯的启发。参见：Isabelle STENGERS, Tobie NATHAN, *Médecins et sorciers*, Les Empêcheurs de penser en rond, Paris, 2004。她在该书中表明，科学医学的关键之一就是要区分因对的理由和不对的理由而康复的患者。这一区分在医学实践中的后果，菲利普·皮尼亚尔及其关于安慰剂效应引人深思的思考为我们提供了一个极具教益的案例——我因此看到了与本文的联系：«La cause du placebo»，pignarre. com，2007 年 5 月上线。至于强制操作及其隐形的问题，读者还可参看：Isabelle STENGERS, *Sciences et Pouvoir*, La Découverte, coll. « Poche Essais », Paris, 2002。

艾琳·佩珀伯格与已故亚历克斯之间的合作产出了许多文章和一本书：Irene PEPPERBERG, *The Alex Studies*, Harvard University Press, Cambridge(Mass), 1999。

结束和亚历克斯的一天工作时的场景，我是在佩珀伯格发表于网络的一篇文章中读到的，网站为：randsco. com。

我对罗森塔尔在老鼠身上做的实验一笔带过，其实我已讨论过这个实验很多次，大多数情况下我都持极为批判的立场，参见：Vinciane DESPRET, *Naissance d'une théorie éthologique. La danse du cratérope écaillé* et *Hans, le cheval qui savait compter*, Les Empêcheurs de penser en rond, Paris, 1996 et 2004。

M：Menteurs—欺骗者
欺骗能证明掌握了处世之道？

　　有一只猴子，露天拴在一根旗杆上，它习惯了爬到旗杆顶上待在那里。问题是，每次人们给它拿来食物，在附近游荡的乌鸦就会赶来偷吃。每天都是如此，而每天，可怜的猴子都别无选择，只能不停地在旗杆上爬上爬下，驱赶大模大样靠近食盆的乌鸦。猴子一下来，无礼的恶鸟就飞起来，停落在几米之外。猴子爬回杆上，它们又回来。有一天，猴子表现出重病迹象。它的身体显得异常虚弱，甚至几乎无法抓稳旗杆。像往常一样，乌鸦又大摇大摆地来打秋风。气息奄奄的猴子从旗杆上艰难地爬下来。最后竟然倒在地上，躺在那里，一动不动，看上去命在旦夕。于是，乌鸦放心了，胆大了，毫无顾忌地返回继续它们的每日之恶。突然，猴子似乎奇迹般地恢复了全部力量。它猛然跳起来，一把抓住一只乌鸦，用脚踩住，用力拔掉它的羽毛，再把惊魂未定、被拔了毛的受害者扔到空中。猴子胜得利落，效果显著：乌鸦再也不敢接近它的食盆。

这个故事并非来自当代人。事实上，作者爱德华·佩特·汤普森（Edward Pett Thompson）是 19 世纪初的一名博物学家，一名神创论者。但读着这个故事，我们不禁会有一种熟悉感。它有点像今天研究某些所谓从认知和社会性角度看最发达的动物的科学家的手笔。这种当代性的感觉之所以强烈，也是因为这种叙事在很长一段时间里完全不见于研究领域，除非是被当成"趣闻"（☞ F：Faire-science—搞科学）。

汤普森的书中有许多这样的故事。另一个故事是关于动物园里一只猩猩的，它趁饲养员睡觉——假装的，实际上在偷看——偷吃了一个橙子，还把果皮藏起来以消除偷窃的痕迹。

对我们来说，这些故事清楚表明两种其他动物的个体在要诈、搞欺骗。但汤普森不这样看。令人诧异的是，他甚至都没用到谎言或欺骗之类的说法。他看中的是其他东西。他的解读受制于他想解决的问题，即在动物和人类之间营造一种智力共同体的感觉，以更好地保护动物。在神创论人类学的框架下，要搭建一个这样的共同体非常困难，因为神创论宇宙是由多种否认动物拥有灵魂的神谕所规范和分级的。因而，以一种非常正确的直觉，汤普森尝试通过一系列能够引发亲近感的智力和敏感性的类比来建立这个共同体。

几年后，达尔文重新讨论了偷橙子事件。他对这一行为的定性也不是欺骗，而是耻辱。达尔文说，大猿之所以偷偷摸摸，那是因为它拥有某种禁忌意识；它的做法与儿童的行为很相似，可以认为那是道德感的一种雏形。同一个故事，另一种解释，达尔文的构想不是建立亲近感，而是在亲缘体制下建立一种连续性。行为的相似性为此提供了最有前景的线索。更何况它们关乎人类特殊论的一个关键领域——道德。

我们注意到，这类动物及其激发的叙事后来完全从科学界消失了。这些故事太不严谨，拟人倾向太严重，于是沦为"爱好者"的知识，继续得到他们的热心呵护，赢得他们的赞叹。动物园便是欺骗的主要避难所之一，它们尤其体现在某些为了出逃或打发无聊而不惜一切的动物对饲养员使的花招里。

近一个世纪后，科学家才考虑重新思考这个问题，他们将其与心智水平明确地联系起来。从 1970 年代初期开始，故意欺骗和使诈的案例在田野研究中层出不穷。不到十年后，实验室中也出现了这类案例。

在坦桑尼亚贡贝地区，珍妮·古道尔（Jane Goodall）曾备下香蕉，观察前来进食的黑猩猩。一只年轻的黑猩猩走过来，准备享用，不防出现了一只占统治地位的雄性黑猩猩。年轻黑猩猩的行为立即发生了变化：它故意做出对香蕉漠不关心的样子。年长的雄性黑猩猩离开了；进食之路安全了，年轻黑猩猩重新向食物走去；年长的雄性黑猩猩立刻又出现了。原来，它对年轻黑猩猩故作超然的神色感到怀疑，于是躲在一旁偷窥。古道尔的观察说明，黑猩猩会行骗。田野研究中发生的另一些事后来也证实了这一点。

这些观察在 1970 年代最后的日子里终于获得了意义，开启了一系列可观的研究。它们也从趣闻一跃成为真正的科学项目。

请注意，在当下语境中，"获得意义"有非常明确的含义，特指趣闻有了"显著意义"，因为通过了实验检验：它们在实验室中得到了证实，也因此获得了正式研究对象的地位。有争议的研究对象，但终究是正经的研究对象。1978年，已对黑猩猩进行了数年研究的戴维·普雷马克（David Premack）[1]和盖伊·伍德拉夫（Guy Woodruff）[2]决定把他们的研究导向一个新的方向。他们解释说，迄今的研究主要测试的是黑猩猩的物理能力，因为通常要求它们解决诸如使用棍子、凳子和木箱来摘取香蕉之类的问题。现在，他们将重点转移到黑猩猩的知心能力。这些大猿是心灵主义者吗？它们能否像人们常说的那样看透他者脑中的想法？换言之，它们能否假想自己处于他者位置，揣摩其意向、信念或欲望呢？

按照两位研究人员的说法，他们的实验证实了这一点。实验者寻找黑猩猩知道藏匿处的糖果，当黑猩猩明白了找到的糖果归它后，通常便会为实验者提供帮助。但是，如果实验者把糖果据为己有，那么在下一轮测试中，黑猩猩就会对他说谎。这表明，一方面，黑猩猩知道实验者有意向，另一方面，黑猩猩知道它了解的情况与实验者了解的情况并不一致。也即，它能觉知实验者头脑中的东西与它自己知道的东西不一样。

预见到行为主义者必然会有的反应——除了条件学习，全是歪门邪道——以及他们著名的摩尔根法则（☛ B：Bêtes—蠢动

---

① 1925—2015，美国行为主义心理学家，曾提出"普雷马克原则"。
② 美国心理学家，当时是普雷马克的研究生。

物），两位作者承认，确实，黑猩猩在实验中的表现完全可以用条件学习假说来解释，那更简单：黑猩猩不过是遵循了所谓习得性关联（association apprise）的规则而已。它们实际上无法想象将要背叛它们之人的意向；它们只是因为撞上了这样的事，所以才机械地把没有奖赏和须对此负责的研究员关联在了一起。被热水烫过的猫连冷水都怕。这根本不说明任何特殊能力，最多也就是基本的条件学习能力。为反驳这种论调，普雷马克和伍德拉夫不失幽默地颠倒了不同能力的高低等级，以摩尔根法则之道还治其追随者之身。他们说，我们会自发地认为他者有某些意向，因为这是最简单也是最天然的阐释资源，黑猩猩很可能也一样干："黑猩猩应该只到心灵主义者的程度。除非我们离了大谱，否则就凭它们的智力，还成不了行为主义者。"我们简直怀疑，对黑猩猩而言，想象其他物种的心理状态或许比行为主义者还要更容易些。

在认知心理实验室得到了证明，欺骗能力又回到田野研究当中，有力地支持了方兴未艾的对于"合群的"黑猩猩的新定义。在科学家发现黑猩猩世界里也有可怕的战争、犯罪和同类相食等现象之后，黑猩猩就已经被剥夺了它此前一直保持的爱好和平之野生动物的角色。现在，欺骗能力为它提供了一个新的角色，它成了"马基雅维利式的黑猩猩"，拥有了一种重要的政治素质：能够影响乃至操纵他者。

另一些动物也相继开始对这项能力的声索。其他猿猴，那是一定，黑猩猩失去了垄断权。鸟类，鉴于大脑新皮层在演化形成这一能力过程中的重要性，理论上希望不大（☞ P：Pies—喜鹊）。但是，乌鸦极高的社会性，以及田野研究中观察到的一个事件，促使乌鸦研究专家贝恩德·海因里希（Bernd Heinrich）[①] 呼吁重新审视这一偏见。汤普森笔下的猴子欺骗了乌鸦的一员，毫不留情地拔去它的羽毛，这次，则是乌鸦欺骗天鹅。天鹅在孵卵，一对乌鸦攻击它，试图偷走鹅蛋，但没能得逞。天鹅摆出阻吓的架势，并不挪窝。于是，两只乌鸦中的一只做了一个在乌鸦界破天荒的举动：它假装受了伤，在其他鸟类中这被称为"断翅伪装"。天鹅马上开始追赶假伤员……另一只乌鸦趁机冲向巢穴并取走了卵。假装受伤并不出奇，许多在地面筑巢的鸟类都会通过假装受伤而诱使掠食者离开雏鸟所在的巢穴，而且还装得受伤很重的样子，把危险引向自己。但是这种行为此前被认为是某种预编的机制，因此不需要任何其他解释，自然选择就足以成为理由，也由此杜绝了探讨心智水平的可能。难道因为乌鸦在全新的场景、为了极不寻常的目的使用这一策略，本能的解释就不作数了？还是因为海因里希对乌鸦的聪明才智有信心，所以才没有采用简单化的解释？很难判断，肯定也不应该那样做。但既然这个问题让我们犹豫不决，那就说明对于认为问题已经解决的人而言，确实到了重新思考它的时候了。

虽说乌鸦的例子令田野观察者信服，但在田野研究与实验室实验高度对立的语境中，对实验科学家来说，这个例子不过是某种趣闻而已。顾名思义，罕见的事件没什么复制可能性。当然，除非能想出让动物自证可靠性的手段。海因里希用圈养的乌鸦来做实验，大量实验证实了他的假说。当乌鸦感觉有同类看着自己

[①] 美国博物学家，科普作家。

时，它会假装将食物藏在某个地方，并趁对方忙于在所谓的藏匿处寻找，将食物藏于别处。正如某些实验科学家对黑猩猩所做，海因里希同样实施了牵扯研究人员的实验。这些实验基于圈养乌鸦的一种相当普遍的行为：它们喜欢玩藏东西。当人类观察者在游戏中偷走乌鸦藏起的玩具，以后在藏匿食物时，乌鸦对此人的态度将发生根本性的变化，它会防范更甚，确保自己不在此人视线范围内，并且比陌生人在场的情况下花费更多的时间盖住食物。这意味着它们不仅意识到同类的意向，而且会扩大它们认为具有意向的生物范围，将人类也纳入这场社会性的大游戏。

不久之前，猪也被纳入了这个骗子大家庭。一项迷宫实验，两头猪，一头"知道"食物的藏匿处，另一头"不知道"，如果"不知道"的猪利用自己的力量独霸所发现的食物，那么在下次测试中，"知道"的猪就会不动声色地把"不知道"的猪导入迷宫的一处死胡同。

此外，动物赋予他者心智水平或意向的这种可能性促进了相对割裂的研究领域之间的新联盟：认知心理学家为一方，他们基本在实验室有时类似考试的条件下工作；进行野外研究的灵长类学家为另一方，他们更关心动物的社会性。这种同盟体现为一种假说：欺骗既然建基于理解他者意向的可能性，因此与社会合作有关。互助和欺骗是同一能力的两个不同方面，那便是社交策略。世界非道德化又再道德化，以前对立的研究人员现在开始合作了。

其他考量进一步激发了人们对这些不诚实的动物的兴趣，奠定了该研究主题的兴起。例如，社会生物学家研究了动物如何利用欺骗手段来解决利益冲突。潜在的未来父母都想确保对方会参与育雏，它们是如何解决这种冲突的呢？根据社会生物学家的说法，每一方都会尽量减少自己的投入，与此同时要注意不让伴侣放弃投入。虚假宣传和无耻操纵成了字面意义上生活艺术的规则。林岩鹨（*Prunella modularis*）是我们西欧的一种鸟类，它们发明了一种相当惊人的系统。极为难得的是，这一发明应归功于雌鸟，尤其是其中某些个体，因为并非所有雌鸟都会表现出这种行为。在某些情况下，领地与两只雄鸟领地相邻的雌鸟会让两只雄鸟都相信自己是它生下的这窝雏鸟的父亲。根据观察者的记录，如果雌鸟手段高明的话，它最终将有两名雄性伴侣来保卫更大的领地并养活幼鸟。它的策略是，尽可能隐蔽地先后与这两只雄鸟交配。雄鸟们迟早会发现它的诡计，但谁也不能确定自己不是雏鸟的亲生父亲。由于交配季节接近尾声，已经再也不能回头，它们宁可接受这种风险也不愿冒险分手。

这明显是社会生物学典型且相当老套的模式：雄性和雌性之间的利益冲突，为了繁殖而陷入狂热的动物，短期和长期投入之间的困境，精打细算、评估策略能让最犬儒的交易员汗颜的繁殖成本。当然，它们跳出了雌性是雄性统治或不专行为受害者之类模式的框架，但刻画出的自然面貌与受竞争法则支配的自然图景并无多大区别。不要忘了，在这一自然图景中，合作只是某种狡计的结果而已。

不过认知主义和社会生物学的交叉研究还是产出了一个有趣的假说。从演化的观点来看，欺骗和保护自己免受欺骗的事实导致了一种类似军备竞赛的情况——我们再次面对社会生物学家偏好的模式。生活在充满欺骗的世界中，需要培养出一种双重能力，一方面保护自己免受欺骗者的伤害并学会看穿欺骗，另一方面则要善于行骗。根据这个军备竞赛模型，行骗能力越发展，辨别骗局的能力也同步发展；这将导致骗术变得越来越难以察觉，而动物对欺骗越来越敏感，如是类推。隐秘行骗的能力就这样发展到极致，产生一种奇特的诈术，即欺骗自己。换言之，在一个到处都对骗术高度敏感的世界中，骗过他者最有效的办法就是对自己发明的谎言也深信不疑，刻意成为无意识动机的受害者。

我们看到，欺骗在天差地别的不同领域，动员并将科学曾精细划分的众多认知类型、学科类型和心理模式结合在一起，这在部分程度上造就了其成功：欺骗与生物学有关；它所调动的复杂的认知模式、信念和心智能力引来认知主义者和——请注意——分析哲学的关注；它现在还与无意识机制联系在一起；它与社会学和政治学理论有关联；它尤其被认为与道德领域紧密相关——欺骗和共情，理解他者的欲望和对他者的关心可能是同时涌现的。

最后这种惊人的关联促使我还要指出一点，为这段把动物带上欺诈之路的历史做个总结。在这些研究中，存在一个见于诸多演化理论的悖论，且不乏幽默：人类道德谴责最严厉的行为，一旦通过博物学和演化理论的重新解读，迟早会等同于最高贵的美德——或者至少成为其条件。换言之，为道德明确反对和谴责的动物行为，在自然的框架内，将成为通往道德的最可靠途径。雄性的嫉妒稳定了伴侣关系，最僵化和专制的等级制度成为社会和平的保障，欺骗——依旧从这个角度来看——则是给予他者最高重视的证据，这种重视是合作的基础。有时，我们甚至怀疑动物行为学是不是由某个冲动的、爱钻牛角尖的耶稣会士发明的。知道地狱会是什么模样，就可以以天堂的图景去抵御，最坏的意向最终必定会导致的天堂。

关于本章

爱德华·佩特·汤普森的书很少见，但仍然可以在互联网上获得扫描版：Edward Pett THOMPSON, *Passions of Animals*, Chapman and Hall, Londres, 1851。我曾在一本书中详细分析了汤普森的作品，并从中得来了该书书名的灵感，读者可参见：Vinciane DESPRET, *Quand le loup habitera avec l'agneau*, Les Empêcheurs de penser en rond, Paris, 1999。

关于普雷马克和伍德拉夫的研究和引用文字，请参见：David PREMACK et Guy WOOLDRUFF, «Does the Chimpanzee Have a Theory of Mind?», *The Behavioral and Brain Science*, 1978, 4, p.516—526。我要感谢我的学生蒂博·德梅耶尔（Thibaut de Meyer），是他让我注意到这篇文章。

有关乌鸦的实验，读者可参见：Bernd HEINRICH, *Mind of the Raven*, Harper Collins, New York, 2000。人类参与乌鸦游戏的实验催生了另一篇合作论文：Thomas BUGNYAR et Bernd HEINRICH, «Ravens, *Corvux Corax*, Differenciate between Knowledgeable and Ignorant Competitors», *Proceedings of the Royal Society B*, doic, 10, 1098/rspb. 2005. 3144。

N：Nécessité—需求
可以诱导老鼠杀幼吗？

"越来越多的观察表明，在实行一夫多妻制的物种当中，当雄性动物在对决中胜出，占有失败者的后宫时，它会杀死失败者的所有幼崽，这会加速雌性发情，便于它使它们受孕。新的幼崽将携带它的基因。"

今天，这一论断不仅广泛存在于科学文献，而且充斥于志在揭秘"奇特的动物世界"的普及读物和纪录片。它出现于1970年代末，当时，研究人员观察到一些不合常规的现象：某些动物的成年个体会杀死同类幼崽。不过，从"适应"角度对这一问题行为的解释很快成为主流，并且至今仍占主导地位。对此，开篇引文所带的不言而喻的姿态可以为证。这一论断从观察到的现象一步跳到对现象的生物学解释，把按理说还只是假设的原因当成事实来阐述。简化的转译链并不仅仅是一种科普写作的处理，它实际体现出杀幼从属于生物性需求体制的事实。

杀幼问题的出现，与对当时了解相对较少的印度灰叶猴（*Semnopithecus entellus*）的观察有关。那一时期鲜有人知道叶猴——大猩猩显然比它们更有人气，尽管数量远远不如。不过，这些神秘猴子带来的问题还是引发了公众的强烈关注。考虑到时代背景，这种热情并不令人惊讶。因为在叶猴当中观察到这些事件，并提出理论赋予它们意义，恰好与家庭暴力，尤其是虐待儿童的问题开始被视为真正的社会问题同时。

对于诸多动物行为，田野观察经常引领实验室里的研究。虽然田野报道一开始往往不被实验科学家重视，被当成没有普遍意义的趣闻，但最终还是会在某一时刻接受最标准的科学检验，也就是实验检验。实验研究是观察的升级，能把趣闻神奇地转化为科学事实（☞ M：Menteurs—欺骗者；☞ B：Bêtes—蠢动物）。动物杀幼问题即迅速升堂入室。从 1980 年代中期开始，出自实验科学家的论文大量涌现。毫无疑问，这与该行为和当时人类社会问题的相似性不无干系——使用老鼠进行这方面研究更是印证了我的这一感觉。老鼠，它们试过各种药物，沉溺于酒精或可卡因，在行为主义者的迷宫里奔跑，吸过无数香烟，得过实验性抑郁症或神经症，测过时间，作为科学的忠仆，它们现在又成了杀幼者！

这事应该怪不得它们：我们会看到，老鼠并不特别喜爱此类行为——它们也同样不怎么喜欢抽烟，不喜欢测试药物，不喜欢饿着肚子在迷宫里奔跑。老鼠之所以被选中进行此类研究，还有另一些研究，是因为它们是最好用的实验动物，相对经济，易于替换，而且应当是所有实验动物中最易操作的一种。不管同意与否——反正也没人征求它们的意见——老鼠算是当定了杀幼者。

科学文献告诉我们，犯下杀幼行为的可以是母鼠，也可以是陌生雄鼠或雌鼠——当然还可以在罪犯名单中添加研究员或实验室操作人员的名字，幼鼠过多时，他们也会对幼鼠实施安乐死，不过写到论文里有点添乱。研究人员发现，母鼠杀幼发生在幼鼠畸形或母鼠应激并感觉环境不适合生存的时候，又或者饿极的情况下，母鼠也会吞吃后代。雄鼠方面，则符合雄性杀幼以刺激雌性发情，更快繁殖自己后代的假说。不过，研究人员解释说，他们也观察到，如果雄鼠曾在雌鼠妊娠期间陪伴在侧，或经常和幼鼠接触，那么它们便会表现出亲代抚育行为，杀幼行为会被抑制。至于最后一类杀幼者，母鼠以外的其他雌鼠，它们杀幼或为充饥，或为强占母鼠的巢穴。然而另一方面，研究人员观察到，一起长大的雌鼠相互间不但很少犯下杀幼行为，而且还会互相照顾幼崽。

可是，仔细研究杀幼行为出现的条件，我们意识到，报告中据称能够"揭露"杀幼行为的条件都是由研究人员积极营造出来的。是谁想出让母鼠挨饿？是谁决定将陌生雄鼠与刚生育的母鼠放在小笼子里亲密接触？是谁分配的笼子，导致陌生雌鼠同居一笼，而且提供的物资只够造一个窝？环境又是如何变得充满压力和不适生存的呢？我们无法忽略这都是一些极端的圈养条件，甚至是为实验目的，专为诱发应激、饥饿、敌意和恐惧等状态而操弄出来的圈养条件。总之，这是些推到极致的病态条件，明显就是想要迫使老鼠做出杀幼举动。研究人员重复并改变实验条件，直到老鼠做出他们想要的行为。这其实是一种重言式操作：

杀幼是杀幼行为出现的所有条件都满足的情况下出现的行为！下一步便是把这些条件当成解释。这一步在那些论文里表现得很明显。当研究者罗列没有发生杀幼事件的情形时，我们看到，他们这样写，"这些条件阻止了杀幼"，没错，不是未发生杀幼的条件，而是抑制杀幼的条件。这意味着杀幼行为也好，"不杀幼"行为也好，它们都是积极诱发的，因为没有激发它们的条件它们就不会出现。我们只能得出这样的结论：研究人员最终认为杀幼是预期的行为，因此是正常的，而不杀幼反而成了必须满足条件的行为。逻辑全反了。在实验条件下，例外成为常态，而通常应正常发生的情况却成为例外。对此，养殖动物专家坦普·葛兰汀无疑会用上当她发现养殖者对公鸡强奸并杀死母鸡或者羊驼追咬同伴睾丸等现象无动于衷时的四字短评："这不正常。"她说，如果那些事件是正常的，那么世界上早就没有鸡或羊驼存在了。这一推理同样适用于以后代为食的老鼠。

正常和病态的这种互易反映了实验室中发生的事情：研究人员做得好像只是揭示了先于研究而存在的东西似的，丝毫不考虑是实验安排积极赋予了杀幼行为的存在条件，杀幼行为源自一系列制造出必要条件的工作，一系列被结果掩盖了的工作。实验科学家因而认为这些结果可以推广至实验室以外的环境：这些是"一般"导致杀幼的条件，那些是"一般"抑制杀幼的条件。自然，杀幼成了自发的"自然"行为——一旦淡忘这种自然是在实验框架下努力造出的话。证据就是，要抑制杀幼行为就必须停下那些导致它的操作。

当然，这并不意味着自然条件下没有杀幼的情况。之所以会有这些研究正是因为在自然条件下观察到了杀幼。再来看田野研究。1970 年代末，首次观察到了动物杀幼，震惊了研究人员，并让他们困惑不解。很快就出现了我在开篇所提到的理论：杀幼的雄性动物，打败了另一雄性，夺取其后宫，杀掉它们所生的幼崽，促使雌性动物再次发情，这样便可使它们受孕，传留自己的基因。

这种解释建立在社会生物学的性内竞争理论之上，该理论被用于说明两性在生殖竞争中相较于对手所采取的策略，是针对狮子、海鸥、猩猩、叶猴及另一些动物而提出的。其特征是一种极度的强迫症，主要症状为惊人的刻板倾向。该理论把动物的所有行为都归结为一个目的，它们满脑子只有一件事：传播自己的基因。动物的存在被狭隘地限制在需求的边界内；不但一切行为都带着物竞天择的目的，而且都服从于唯一一个动机，符合"适应"这一普遍模式的动机。动物绝对不可能出现歌唱、捉虱子、玩耍、交配、看日出等异想天开的动机，不管是为了单纯的乐趣，还是因为那是族群的社会习俗，又或者攸关荣誉、勇力或社会关系。仅举一个例子。灵长类学家在一群黑猩猩中观察到，雌性与群体内所有性征极为突出的雄性交配。他们推断，这是一种避免杀幼的策略，因为这样一来，每一个雄性都有可能成为父亲。这可真是一种可敬的转译：性堕落倒反映出了某种母性的远见……这类假说体现了在雌性动物性欲方面，自然科学思维和大男子主义或维多利亚式偏见的某种默契。寻找行为的用途——出于某种资产阶级伦理，演化不会把精力浪费在无用的荒唐之中，因此研究人员必须寻找每种行为在适应方面的意义——避免与自然选择方面的长期收益无关的假说，例如追求享乐、驱力的作用、外向的性行为等。对于雄性，或许勉强还可提出外向性行为的假说——饶是如此，研究人员也会说雄性动物是为了确保传宗接代；然而对于雌性，这一假说根本免提。

回到叶猴的问题，开启杀幼行为研究的首例观察报告来自在印度进行研究的日本学者杉山幸丸（Yukimaru Sugiyama）。杀幼发生在叶猴群体发生重大社会变化的时期。请注意，这些社会变化是由杉山造成的，源自他在群体中进行的一项"实验操作"。杉山将某一群体中的唯一雄性叶猴——他说那是该群体的统治之君，保护并控制着整个后宫——转移到另一拥有多名雄性的混合群体中。补充说明一下，这种做法对于某些灵长类学家来说司空见惯，尤其是那些似乎尤其痴迷于等级制度（☞ H：Hiérarchies—等级）研究的学者。在这一——用杉山自己的话说——实验操作之后，另一只雄性叶猴进入上述雄性叶猴被移走的群体，占有其后宫，杀死了四只幼崽。

此后不久，另一位研究者，社会生物学家莎拉·布拉弗·赫迪（Sarah Blaffer Hrdy）在焦特布尔的叶猴中也发现了雄性犯下的杀幼行为。她为雄性叶猴通过杀幼来操纵雌性发情、确保自身基因延续的假说提供了支持。值得注意的是，与此同时，还有一位研究者菲利斯·杰伊（Phyllis Jay）在印度另一个地区的叶猴领地里从事考察，她没有观察到任何类似的事件。但她发表了对其他研究的评论，稍后我会提到。

我想谈一谈杉山陈述他那些观察的方式。措辞的选用并非无关紧要，不仅体现出某些事情、某些理论立场，而且还会诱导某些意义的选择。用雄性叶猴"占有后宫"，替代原本"保护并控制着整个后宫"的"统治之君"这样的措辞——我只是转述杉山的用语，他也只是使用通行的术语——已经是在构建某种类型的故事。

因此，关键问题不在于批评所用的词语，而是要从务实的角度去思考。这类比喻究竟意味着何种叙事类型？或者，更具体地说，使用另一些比喻是否就能重新组织故事？其他词语就无法更好地表现这个故事吗？如"后宫"一词通常用来指一个雄性和多个与其交配的雌性组成的群体。但选择这个词意味着某种特殊的情况：一个占据主导地位的雄性控制着和它在一起的雌性。问题是，谁告诉我们是雄性选择了这些雌性，将它们据为己有，占有它们？没人，只有"后宫"这个词将意义导向了这个方面。

曾经有人提出过另一种描述这类组织形态的方式，特别是那些在达尔文性选择假说的框架下进行研究的女性主义女学者。根据这一假说，在大多数情况下，是雌性选择了雄性。为了描述这种一夫多妻的组织形态，这些女性研究员提出以下剧本：既然一个雄性对于繁殖来讲已经足够，反正雄性也很少照顾幼崽，何苦选择多个雄性？既然一个雄性足以让其他雄性却步，那么比起多个雄性的累赘，选择一个唯一的雄性有百利而无一弊。这是一个与后宫的故事完全不同的故事，同样说得通，且合乎达尔文主义的视角。

然而，这种说法不仅颠倒了叙事视角，还要求改变叙事结构本身。描述更换雄性之后果的故事不再理所当然。这已不仅仅是胜出的陌生雄性占有雌性，通过杀幼来操纵雌性发情的一场征服。

我们可以开始想象另一个故事，一个具有双重价值的故事，它能让问题更加复杂，摆脱需求单一的和单因果的解释模式，因而不再用杀幼解释一切。杀幼不再是动机，出于对横扫一切的生物性需求的服从，而也许仅仅是其他事件的边际后果。这些事件也需要人们的注意，但被"全境域"假说给忽略了。

为叶猴的行为开启这另一条解读之路的是菲利斯·杰伊。我在上文已经提过，杰伊在印度的另一个地区研究叶猴，但是没有观察到任何杀幼事件。而她对这些动物的了解将促使她介入这场理论争论。她分析了这些事件发生地的田野记录，考虑了研究者的实验操作，对于未经实验操作的群体，则探究了获取观察的来龙去脉。通过对同行的理论、措辞以及叶猴经历之事的仔细分析，她得出结论，认为比起一种策略，把杀幼视作后果更为确当。她说，一方面，不应该在夺权的语境中理解叶猴的杀幼行为，因为此类用语会过于影响叙事。唐娜·哈拉维——到目前为止，我的讨论基本遵循了她的观点——提醒我们，正是在这些地方，可以看出词语和表达方式影响至巨，它们并不中立。叙事结构会让人们关注某些事物，而忽视另一些事物。一直盯着这个后宫和征服的故事，我们就不会注意到实验操作的后果。那就是，群体中唯一的雄性遭遇了绑架。也许它是这个群体的"君主"，但那意味着什么呢？得到尊重，维系情感纽带，营造信任的气氛？如果叶猴有不同选择的话，它们显然有，因为它们可以组成雌雄杂处的群体或一夫多妻的群体；如果雌性选择的假说是正确的，并且这些雌性叶猴与这个雄性——而不是另一个——形成了非常特殊的依恋，那么我们可以想象把这个雄性弄走会给群体带来怎样的精神创伤。"我们的雄性被一直在监视我们的人类绑架了。"于是乎，一切都可能发生。在这种情况下，杀幼的原因将变得非常具体。它们迫使我们认识到，社会构建走一步看一步，因事制宜，如果不负责任的人类搅和进来，那就随时可能出大问题。菲利斯·杰伊对未经实验操作的群体进行的分析印证了这一点。对这些群体的观察可以得出这样的推论：杀幼是在动物密度过高、社会变化过快的情况下发生的，也就是说是在足以致病的异常压力条件下发生的。菲利斯·杰伊指出，观察到的许多杀幼事件实际上都伴随着杀害雌性的现象，雄性叶猴不受控制的攻击行为不仅仅针对幼崽。杀幼不是某种适应，而是对变化过大、过新的环境表现出的"不适应"的迹象。

菲利斯·杰伊的解释未能流行，社会生物学解释在杀幼问题上仍居主导地位。表面看来，科学界似乎已经完成了社会生物学所展望的皈依，我提到的科普文字中那种不证自明的口气可以为证。但是，情况并非完全如此，因为争议从未彻底停止。继菲利斯·杰伊之后，还有一些学者也提出了反对意见。在一段通常标志争论结束的暂时平静之后，灵长类学家罗伯特·苏斯曼（Robert Sussman）重新开启了论战。他剖析了灵长类研究通报的每一例杀幼案例的具体语境。根据分析，杀幼攻击的数量远少于估计的数量，只有 48 例。其中几乎一半都发生在焦特布尔的观测点。此外，在这 48 例攻击中，只有 8 例符合适应性假说的描述。因此，他问道：把这一如此罕见且大部分发生在某一特定地点的行为奉为适应策略的典型符合现实吗？此外，还须指出，1980 年代初，在赫迪位于焦特布尔地区的观察点，几名同样观察叶猴的德国研究人员从未目睹幼崽死于暴力的案例。

涉及到狮子，另一位科学家安妮·达格（Anne Dagg）在1990 年代末也使用了相同的方法。此前，所有针对狮子研究都支持性竞争假说。安妮·达格则发现，实际上，所有杀幼事件无一符合支持这种适应假说的"标准情况"。她的研究激起了同行的强烈愤怒和敌意。同一时期,菲利斯·杰伊也重新加入论战,她发表了一篇文章,表明叶猴幼崽实际上对成年叶猴之间的冲突非常感兴趣。杀幼事件中,幼崽可能并非如人们所认为的那样是狂怒的成年叶猴的攻击目标,而只是在它们攻击时"处在路线上"而已。

追溯杀幼研究史的社会学家阿曼达·里斯(Amanda Rees)注意到,很少有一场论战不会——或早或晚——在动物行为学领域找到解决方案。这样一看,关于杀幼的论战就显得十分特殊,因为质疑总也不断,每当我们以为论战停歇、问题解决,总会有某个科学家拒绝"皈依"社会生物学理论,重新挑起论战。更令人诧异的是,即便归根结底观察到的杀幼案例很少,甚至随着重开论战的各轮分析又被大量剔除,论战依旧无法终结。的确,我曾经在上文中指出,动物杀幼问题被与政治议题捆绑,它被直接与重大的人类问题联系在一起,而解释和回应这些问题的方式本身也充满争议。打从一开始,在田野研究中,正如阿曼达·里斯所指出的那样,人们已经注意到,关于杀幼的解释便摆脱不了政治干扰科学的嫌疑。我们可以从社会生物学家的描述中读出,将杀幼视为一种适应策略与大男子主义思想有关。但是,如果要打这种政治牌,我们是否也该像社会生物学家批评的那样反思,将杀幼事件视为意外的意愿是否反映出对自然的一种道德判断——"这理应不会发生"?

我不确定此类论据对我们有帮助,至少在它们以这种解构或批判性的方式出现时。它们当然是争议内容的一部分,但是解构会让我们错过最重要的问题。这是两种不同的搞科学的方式,两种在动物研究领域对峙的方式。一方面，是一种从生物学和动物学继承而来的方法，在物种内部以及在物种之间更普遍的层面上寻找相似性和恒量，要求动物遵从可放诸万物的法则和相对单一的因果链，这样便可形成一种常规化的解释。同时，这种实践延展了实验室研究的一种习惯，将其搬到了实验室之外，那就是在田野中构建事件（在田野研究的框架内将这些事件视为毫无差别）的重复性，一如在实验室研究中必须确保实验的可重复性。这一要求基于以下信念，即事件发生的所有语境归根结底都是等价的。这种方法要求自然向"搞科学"的臣服，就像实验室研究要求受试对象的臣服（☞ L：Laboratoire—实验室）。另一方面，还有另一种实践在与之竞争。这种实践继承了人类学的思维和研究方式，努力探究动物遇到的具体而特殊的情况，看重动物的灵活性，把每个事件看成动物经历且试图面对的特定问题（☞ R：Réaction—反应）。这仍然是政治，不过是科学政治，以及与非人类动物之间关系的政治。

　　此外，虽然对于一些人——社会生物学家——而言，理论上，所有环境都是等价的，适应策略和预编程的动机共同决定了行为，但另一些人则不然——这也体现出他们对人类学方法的继承，他们考虑到，让他们能够旅行至遥远的田野进行研究的工业化和全球化进程也正是他们研究的动物所面临的进程。这些进程破坏了动物的栖息地，带来了旅游业和城市化，影响了动物的生活，极大地改变了它们。这并不否认，和所有生物一样，这些动物也要解决生物性需求，但必须明确认识到它们具体的生存境遇，不是作为原因的境遇，而是使得它们如此这般生活的境遇。对于这些动物中的每一种，它们的生活，"随着我们"，比以往任何时候都更是一种我们在其中构成脆弱因素之一的生活。从这个意义上说，同样，杀幼问题是一个政治问题。

关于本章

在本章中，我部分参考了唐娜·哈拉维的批判性分析：«Un Manifeste Cyborg：science，technologie et féminisme socialiste à la fin du XXe siècle»，该文法文版收录于：Donna HARAWAY, *Des singes, des cyborgs et des femmes. La réinvention de la nature*, Actes Sud, Arles, 2009。当然还有收录在尚未翻译的 *Primate Vision* 一书中的原版。另外，阿曼达·里斯出色的研究让我得以完整介绍这段争议史：Amanda REES, *The Infanticide Controversy: Primatology and the Art of Field Science*, Chicago University Press, Chicago, 2009。

动物杀幼研究与虐待儿童问题的关联可参见：Ian HACKING, *L'Âme réécrite*, Les Empêcheurs de penser en rond, Paris, 2006。

讨论老鼠杀幼问题的文章有：R. E. BROWN, «Social and Hormonal Factors Influencing Infanticide and its Suppression in Adult Male Long-Evans Rats (*Rattus norvegicus*)», *J. Comp. Psychol.*, 100, 2, 1986, p. 155—161; J. A. MENNELLA et H. MOLTZ, «Infanticide in Rats: Male Strategy and Female Counter-Strategy», *Physiol. Behav.*, 42, 1, 1988, p. 19—28; J. A. MENNELLA et H. MOLTZ, «Pheromonal Emission by Pregnant Rats Protects against Infanticide by Nulliparous Conspecifics», *Physiol. Behav.*, 46, 4, 1989, p. 591—595; L. C. PETERS, T. C.

SIST, M. B. KRISTAL, « Maintenance and Decline of the Suppression of Infanticide in Mother Rats », *Physiol. Behav.*, 50, 2, 1991, p 451—456。

顺便提一点。我注意到，研究人员从杀幼行为的实验诱导到认为这些诱因就是杀幼行为的原因这两步之间的跳跃，与菲利普·皮尼亚尔在"生物学"和他所谓的新药研发中的"小生物学"被混为一谈的情况中发现的操作相似。发现一种对抑郁症有疗效的药物并不能让研究人员宣称找到了抑郁症的终极原因。请参看：Philippe PIGNARRE, *Comment la dépression est devenue une épidémie*, La Découverte, Paris, 2001。

公鸡强奸、杀死母鸡和羊驼追咬同伴睾丸的例子来自：Temple GRANDIN（coécrit avec Catherine JOHNSON）, *Animals in Translation*, op. cit。

我在文中认为杀幼行为的知晓和制造模式紧密相连，杀幼行为并非先于实验存在，因而谈不上被"揭露"。这些想法是受了伊莎贝尔·斯坦格斯研究的启发。参见：Isabelle STENGERS, *L'Invention des sciences modernes*, La Découverte, Paris, 1993。

莎拉·布莱弗·赫迪关于杀幼的首篇论文发表于 1979 年：Sarah Blaffer HRDY, « Infanticide among Animals : a Review, Classification, and Examination of the Implications for the Repro-ductive Strategies of Females », *Ethol. Sociobiol .*, 1, p. 13—40。

关于语言的非中立性问题，尤其是"后宫"一词的使用，我参考了以下著作：Donna HARAWAY, *Un Manifeste Cyborg: science, technologie et féminisme socialiste à la fin du XXe siècle*, Exils éditeurs, Paris, 2007。

O：Œuvres—作品
鸟类也搞艺术吗？

　　动物会创造作品吗？这个问题与询问动物是否是艺术家（☞
A：Artistes—艺术家）的问题相似。

　　就此展开思辨实验便又回到了对意向（intention）的讨论，
因为原则上所有创作活动都由意向主导。创作是否需要"意向"？
如果是，那么艺术家的意向是决定他是否是作品作者的条件吗？
通过引入动物来研究这个问题的好处在于能让我们犹豫、放慢步
骤。布鲁诺·拉图尔让我们意识到这种犹豫，并提出从"使……
行动"（faire-faire）的角度重新思考行为的分配。

　　来看一下——非常值得——大亭鸟（*Chlamydera nuchalis*）
搭建的那些漂亮的"大拱门"。尤其有意思的是，这些建筑表明，

大亭鸟会改变某些人工制品的用途，将之用于它们的作品。仔细观看成品——借助生物学家的照片，只需在任意搜索引擎中输入鸟名即可——我们会发现其布局并非任意为之，一切都被精心组织以创造出一种景深的错觉。根据生物学家的说法，这是为了使雄鸟在其拱形巢穴中舞动时显得更大。因此，我们面对的其实是一个舞台，一种舞台调度，一件名副其实的多模态艺术作品：复杂的建筑，美观的平衡，用以吸睛的幻景制造，以及最后令作品完整的编舞；简而言之，那是哲学家艾蒂安·苏里奥（Étienne Souriau）[①] 定会认可为"运动的诗学"的东西。如此巧妙设计的景深错觉让我们想到苏里奥赋予假象的意义。他写道，那是些"关于意义的投机场"，无比清楚地表明本性中"在对他者的欲望中化无为有的能力"。

在对他者的欲望中化无为有：那是我们所理解意义上的作品吗？在这种意义上，大亭鸟就是它真正的制造者，作品的作者（☛ V：Versions—译为母语）？我暂时先把那些试图将此归结为动物本能（☛ F：Faire-science—搞科学）、以生物学和决定论的解释来理解大亭鸟劳动成果的枯燥无益的论战放在一边。这种解释，顺带提一句，社会生物学家也曾试图用于人类：一切行动，一切成就，都只是我们的基因为了更好地延续而加诸我们的程序的反映而已（☛ N：Nécessité—需求）。读者尽可以把它转译成自己的大白话。这种解释格调如此之低，其意义如此贫乏，我们也不应该将它们用于已经饱受理论虐待的非人类动物！

相反，我也许可以借用艺术人类学家阿尔弗雷德·盖尔

①　1892—1979，法国哲学家，以在美学和电影方面的研究而知名。

（Alfred Gell）的问法。他的思考针对的不是动物，而是某些文化不作艺术品观的艺术产品。盖尔的问题可以简述如下：如果我们将制度化的艺术世界所认可和接受为艺术的东西视为艺术，那么应如何看待其他社会中，**我们**认为是艺术产品，但原生社会并不作如是观的产品？如果不把这些产品视为艺术品，就意味着像人们长期以来所做的那样，把那些社会的成员归为原始人，只会幼稚、自发地表达他们的原始需求。如果仍然把这些产品视为艺术品，盖尔解释道，那就迫使研究其他文化器物制造的人类学家把一种完全民族中心主义的参照系强加在这些文化之上。因为把每一件产品还置于其所属文化的趣味和标准的框架之中的做法并不解决问题，如果我们考虑到某些产品无论是对于生产者还是使用者而言都没有美学价值的话。举个简单的例子，一面盾牌，对于"他们"并非艺术品，对于"我们"却是。

　　如何走出这一困境？盖尔提议换种方式重新定义上述问题。人类学是对社会关系的研究，因此必须考虑在关系中研究器物的制造。但是，为了避免陷入刚才描述的困境，必须把器物本身视为社会施动者（agent），具备我们赋予社会施动者的那些特征。盖尔尝试让意向性（intentionnalité）问题摆脱我们的观念设下的狭窄框架，向人类之外的其他动物开放"施动者"概念——即"具有意向性"。

　　回到对于我们拥有美学价值的器物上来，一面带有装饰的盾牌在使用它参加的战斗中并没有美学价值。它使人恐惧，迷惑敌人，俘虏他们的心神。它没有含义，也不是象征，它行动并促使行动；它产生作用，带来改变。因此，它是一个施动者，是一些能动性（agentivité）的中介。能动性（盖尔《艺术与能动性》

[*Art and Agency*] 一书的法译者翻译为"意向性")概念不再是一种给生物分类的方式(本体论上具有意向性的施动者,和本体论上不具有意向性的被动者)。能动性(或意向性)涉及到关系,是可变的,并且总是与特定语境相关。作品不但能迷惑、俘虏其接收者的心神,使他们着魔、落入陷阱,而且是包含在待完成作品中的能动性控制着制作者,将其推到被动者的境地。如果我以布鲁诺·拉图尔的概念来理解盖尔的话,作品"使……行动";盾牌使制作者行动(制作者使自己由盾牌推动),它使使用者行动(例如令其在战斗中更勇敢),它甚至也使敌方战士行动(它迷惑对方,惊吓对方,俘虏对方心神)。如盖尔所言,在与作品的关系当中,我们与人类学家泰勒(Tylor)[①] 笔下的安的列斯群岛土著甚为相像:这些土著确信是树木召唤了巫师,并命令他们把树干雕刻成偶像的形状。

　　对意向性做出如是分配,盖尔在某种程度上贴合了艾蒂安·苏里奥的观点,但他的思辨明显要谨慎得多。苏里奥认为,作品把自己强加于艺术家,或者,如果使用盖尔的术语的话,"作品才是施动者",是作品的意向坚持作用,制作者在此是被动者。不过,如果我现在想讨论动物中存在艺术的可能性,认认真真地讨论,那么我就必须丢弃盖尔,而采用艾蒂安·苏里奥的表述。因为,虽然盖尔确实重新分配了意向性或能动性,但他——尽管做出了一些值得称赞的尝试——把这种再分配局限于作品与其接收者之间的关系。他写道:"人类学家早就发现持久的社会关系基于'未完成'。作为社会关联的创造者,交换的关键在于推迟

---

① 1832—1917,英国人类学家,被誉为"人类学之父"。

交换，或者说延后交换。若要关系持续，就决不能有完美的互惠，必须让一定的不平衡持续下去。"他接着说："对于［装饰性］纹饰也是如此：它们放慢了感知，甚至停止了感知，因此人们永远无法完全拥有被装饰的器物，会不断地尝试占有它。这是一个未完成的交换，在我看来，它为装饰形迹［盖尔意指承载意向的器物，"作品"］与其接收者之间的生平关系奠定了基础。"总之，在作品和制作者之间分配意向的思辨并没有进行到底，盖尔显然不愿把我们变成安的列斯人，把艺术家变为巫师，把艺术品变为向艺术家植入意向的施动者。

1956 年，苏里奥作了一场名为"关于待完成作品之存在模式"的讲座，用表面上看与盖尔极为相近的语词讲到一切事物之存在的未完成状态，以另一种方式提出了这个问题。但是，在苏里奥的思想中，作品的未完成状态首先不是在作品及其接收者之间，而是在待完成的作品和献身于作品的人之间，即"必须就作品作出交代（répondre de）"之人，其负责人（responsable）。有待完成的作品都是真实的存在，但是它们的存在需要在其他层面得到提升。单就它们仅有物质存在来看，它们的存在便有所缺陷。换言之，作品需要通过另一种存在模式才能完成。

我们能否把苏里奥的观点运用到动物艺术家的问题上呢？苏里奥在《动物的艺术感》（*Le Sens artistiques des animaux*）一书中预见了这个问题。在头几页里，他就揭示了他的回答方向："认为艺术具有宇宙基础且自然界中存在与之同类的强大的**创建**（instaurateur）力量的想法真有那么亵渎吗？"选择"创建"一词并非偶然。苏里奥没有说"创造"或"建构"（尽管他有时认为这些表述是等效的，但他的时代远早于建构主义，"建构"还没有理论色彩)。创建有其他含义。

如我们刚刚引用的那样,作品"需要通过另一种存在模式才能完成"。完成作品需要创建性的行为。从这个意义上讲,我们纵然可以说创造者**实施了**创造,但作品的存在(l'être)在艺术家创造之前就已经存在(exister)。只是作品的存在无法自我实现。他写道:"创建就是遵循一条路径。我们遵循其路径来确定将要到来的存在。"他接着说:"孕育中的存在需要独立存在。在所有这一切中,施动者必须屈服于作品本身的意志,揣摩这一意志,必须为了这一独立存在而自我牺牲,根据其专属权利推动其存在。"

因此,说艺术作品是被创建的,这既不是把因果关系引向其自身以外,也不是否认它。这么说其实是强调以下事实,即艺术家不是作品的原因,但作品也不足以自我成就。艺术家为作品担负责任,即容纳、承接、准备和探索作品形式之人的责任。换言之,艺术家须负责——从必须就作品作出交代、就作品的成败作出交代的角度讲。

那么再回到我们的问题:我们可以想象将自然中的诸多存在说成作品的主人吗?当苏里奥在他关于动物艺术感的书中谈到这个问题时,诚然,他有时似乎躲藏在某种形式的生机论背后,尤其在图像评论中我们会读到这样的字句:"生命即艺术家,孔雀即作品。"但是,另一方面,回到鸟类的问题,书中有一张斑胸草雀(*Taeniopygia guttata*)筑巢的照片,旁边有一句话令人惊讶:"作品的呼唤"。显然,在这里,艺术感不再是一种抽象的本性,而是一个创建的存在,回应(负责)着完成作品的苛刻要求。在此标题下,苏里奥解释说:"鸟巢通常由一对鸟儿共同搭建，筑巢是性炫耀的关键。但是有时候，单身雄鸟会独自开始工作。"他接着指出，会有一只雌鸟加入其中并帮助它，从这个意义上说，巢是爱情的作品，或者更确切地说，他纠正道，是"爱情的创造者：作品是媒介"。

他提到了爱情，我不禁想做点补充。作品确实拥有俘虏那些为实现它而努力的人的力量。如此一来，我们就有可能走向另一种本能理论。这种本能理论并不把动物当成机械，把一切诉诸于生物决定机制，而会在思辨层面提供更加富有成效的类比。

让我们回到上文提及的大亭鸟的巢穴，重拾暂时搁置在本能和意向性之间的问题。我不会回答这些鸟是否是艺术家，这不再是我的兴趣所在。如果参照盖尔所举的那个例子，盾牌的例子，两相类比，那么可以说这些巢穴是俘虏心神、带来改变、制造爱恋个体的器物，又或者唤起爱意、产生吸引、留下印象。但是，如果沿着苏里奥开辟的道路，把关注点放在巢穴的创建意义而不是作品与接收者的关系上，那么我也可以认为大亭鸟确确实实被有待完成的作品俘虏了，是后者将其存在的要求强加于大亭鸟。"非这样不可。"

诚然，我们的偏好更倾向于认为作品只是少数人的成就，不是那么普遍，因为我们便是如此看待艺术，赋予其某种稀缺性。估计正是这种稀缺性的缺失给了这一尴尬论据以依据：如果谁都能，那就是本能。的确，对于这些鸟而言，制作作品（faire œuvre）是至关重要的，制作作品是每只鸟自我延续的条件。没有作品，就没有后代——后代也会制作作品。但是，不要混淆延续的条件与存在的条件，也不要混淆作品开辟的可能性与作品的动机。或者，让我们放弃本能的概念，但是小心翼翼地保留本能让我们感受到的东西，一种力量，在这种力量面前，生命个体必须要屈服——就像我们有时屈服于爱那样。无论我们可以为这些作品赋予什么样的功利目的，我们都知道鸟儿并不具有这种功利目的（一些事后总可以识别出来的动机，一种便易的合理化。尽管从生物学角度来看合情合理，但并非鸟儿会认为重要的东西）。本能概念同时展现与遮蔽的是有待完成之事的呼唤。某些事情超出我们的控制。某些艺术家为之俘虏。非这样做不可。没商量。

关于本章

本章深受艾蒂安·苏里奥启发。他的著作《动物的艺术感》（Étienne SOURIAU, *Le Sens artistique des animaux*, Hachette, Paris,, 1965）是一本无与伦比的小书，至今仍毫不过时。我举的几个动物案例和有关引文正是出自该书。我所参考的 1956 年的讲座以及"创建"理论已于近年重版（Étienne SOURIAU, *Les Différents Modes d'existence*, PUF, coll. « Métaphysiques », Paris, 2009）。伊莎贝尔·斯坦格斯和布鲁诺·拉图尔为该书共同撰写的序言很重要，甚至可以说必读，它能在艰深的文字中导航，激发读者随着阅读与发现积极思考，它让我关注到苏里奥的坚持所在。

盖尔的作品已翻译成法文（Alfred GELL, *L'Art et ses agents*, Les Presses du réel, Paris, 2009）。法文书名没能忠实体现英文原名 Art and Agency 的意思。[①] 在该书法文版序言中，莫

---

① 法语书名直译为"艺术及其施动者"。

里斯·布洛克（Maurice Bloch）[①] 对翻译中的所有难点（以及由此带来的损失）做了纠正，他做得太对了。

　　"理论虐待"概念是弗朗索瓦丝·西罗尼（Françoise Sironi）[②]在其跨性别临床研究中总结出来的。把发生在人类和动物身上的事情进行类比总是非常冒险。但鉴于西罗尼的描述包括了那些"喜欢提出理论"（同时也须为寻求"变形"［métamorphose］的人提供帮助）的心理医生用他们猜疑、侮辱性的理论否定求助者，反而加深他们痛苦的情形，本处的类比可以成立，且没有侮辱之意。把动物视为愚蠢的理论对动物产生了实实在在的影响，无论是直接的（☛ L：Laboratoire—实验室），还是间接的——某些人得以有恃无恐、毫无顾忌地虐待动物（它们不过是愚蠢的动物而已；反例☛ G：Génies—天才）。这一"发人深思"的政治临床研究值得一读：Françoise SIRONI, *Psychologie（s）des transsexuels et des transgenres*, Odile Jacob, Paris, 2011。

①　英国人类学家，出生于法国。
②　法国临床心理学家，海牙国际刑事法院心理鉴定专家。

P：Pies—喜鹊
如何让大象喜欢镜子？

　　一方是马克辛、帕蒂和哈皮，另一方是哈维、莉莉、格蒂、戈尔迪和夏兹，它们之间有联系吗？没多少。一方是三头三十多岁的雌性亚洲象，另一方是一群年轻的喜鹊。一方生活在美国纽约布朗克斯动物园，另一方住在德国的一个实验室。看上去，二者之间差异巨大且非常明显，但它们也有一个出人意料的共同点，即人们尝试让它们照镜子，而其中有一些似乎对此很感兴趣。大象中是哈皮，喜鹊有格蒂、戈尔迪和夏兹。哈维以为镜子里是一只雌性同类，于是尝试了一些引诱的举动，结果自然是灰心丧气。它重新评估了镜子中复制自己所有动作的家伙的性别，开始发动攻击。莉莉更爽快，它一看到镜子就立即发动了进攻。多次失败之后，这两只喜鹊都彻底失去了兴趣。

的确，格蒂、戈尔迪和夏兹第一天看到镜子时也试图弄明白镜子中的"他者"是否是反应得宜的社会个体。但是，第二次照镜子，这三只喜鹊的关注点就完全变了。它们自然跑到了镜子后面找——谁知道这是个什么把戏呢，它们仔细检查面前的映像，最终它们找到了解决谜团的决定性的检验法：它们做出一些不可预测的举动，如前后来回摇摆或蹦跳，用爪子挠痒等。我们不能确定这三个喜鹊从检验中推断出了什么，但显然，它们明白了自己面对的并非真正的"他者"。据此宣布它们知道那是自己的映像还差一步。在实验室里，这一步没那么容易。研究人员不会单凭这些鸟儿的表现或直觉——不管有多么符合逻辑——来下结论。还得需要决定性的检验。赫尔穆特·普赖尔（Helmut Prior）、阿里亚娜·斯库瓦兹（Ariane Scwarz）和奥尼尔·冈蒂尔昆（Onur Güntürkün）设计了一个测试，将其用于喜鹊。

该测试现已众所周知。它基于 1960 年代后期心理学家乔治·盖洛普（George Gallup）在黑猩猩身上进行的实验。测试其实很简单，但是操作起来要费一番周折。先让黑猩猩和镜子一起适应一段时间，然后将它麻醉，在它的额头涂上一个绿点。黑猩猩醒来，不知道自己的额头上有一个绿点。让它照镜子。如果黑猩猩在自己的额头上摸索，那么就可以推断它经明白镜子中的映像是它自己。用在喜鹊身上，研究人员做了简化，决定不用麻醉，也不使用颜料，而在鸟嘴正下方的脖子上，它们即使低头也无法看到的位置，贴上黄色、红色或黑色的小贴纸。研究人员一人遮住鸟儿的眼睛，一人贴纸。

总而言之，测试取得了成功。鉴于之前的表现，可以想到，哈维和莉莉对贴纸无动于衷。但是戈尔迪、格蒂——还有夏兹，它的反应较小——想先用鸟喙移除贴纸，发现不成功后又想用爪子移除它。可见，这些喜鹊在镜子中认出了自己。因此，它们具有自我意识，或者用盖洛普的话说，它们有一种心智理论。

至于大象，组织测试比较复杂。更麻烦的是，此前不久，另一位科学家，灵长类专家达尼埃尔·波维内利（Daniel Povinelli）已经用这种方法对两头雌性亚洲象进行了测试，但是失败了。不过大象能够明白镜子的用途。在预测试阶段，波维内利把食物藏到了大象只能通过镜子看到的地方。大象完全明白了镜子的用途。因此，不存在妨碍它们照镜子的视觉障碍。但是看上去它们似乎对身上的色点无动于衷。灵长类学家弗朗斯·德瓦尔（Frans de Waal）与学生约书亚·普罗尼克（Joshua Plotnik）和海豚专家丹尼亚·赖斯（Dania Reiss）的实验则做了万全准备。是什么促使他们重做一个看似注定失败的实验呢？我在布鲁塞尔大学的两个学生蒂博·德梅耶尔和夏洛特·蒂博（Charlotte Thibaut）研究了这个问题，仔细分析了这两个实验的论文和实施方案。据他们说，普洛尼克等人之所以决定重新进行实验，那是因为非洲象研究专家辛西娅·莫斯（Cynthia Moss）的观察给了他们信心。大象似乎拥有共情能力，莫斯在这方面提供了很多记录。而共情能力与赋予他者一定心理状态和欲望的能力有关，因此可以作为存在一种心智理论（☛ M：Menteurs—欺骗者）的证据。我的学生注意，波维内利也提到了莫斯的观察。但是他认为那并不可信。他说，那只不过是"趣闻"而已。因此，这一对比反映出两种与知识的关系，而它与两个研究领域——波维内利是实验室里的实验科学家，而普洛尼克和他的同事们则是田野研究者（☛ F：Faire-science—搞科学；☛ L：Laboratoire—实验室；☛ B：

Bêtes—蠢动物）——的对应并不令我惊讶。

接着，三位研究人员探讨了波维内利大象实验失败的原因：很有可能是因为镜子太小了，并且放在了笼子外面，远离了象鼻的范围。因此，他们精心找来足够大的镜子，并将其放在笼子内而不是笼子外。马克辛、帕蒂和哈皮被带到镜子跟前。在预测试期间，它们研究了镜子，甚至试图趴上去，让饲养员和科学家心惊胆怕，生怕镜子所靠的那面墙会被推倒。和三只认出自己的喜鹊一样，大象也表现出针对镜中映像的行为。例如，它们一边进食一边看着镜中的映像；它们用象鼻和身体反复做出一些非常规的动作，头部有节奏地摇来摇去。

终于到了给大象涂上色点的那一天。马克辛看着镜中的自己，用象鼻触摸色点，并在随后的时间内一直触摸。另两头大象则似乎不想跨出这一步。

因此，两只喜鹊和一头大象完全通过了测试，另两只喜鹊和另两头大象则失败了，还有一只喜鹊难以界定：实验有了成果（réussite）。

您可能对我刚才"成果"的结论感到惊讶。我把哈维、莉莉、哈皮和帕蒂的冷淡与戈尔迪、格蒂和马克辛令人信服的实验结果整体上称为"成果"。因为所有"自我识别"与"未能自我识别"的案例都意味着成果。我之所以说实验有了成果，是因为曾经有过失败。失败的可能性，以及科学家对这种可能性的处理，都说明实验之牢靠及其价值。如果所有喜鹊和大象都成功（succès）通过测试，那么该实验就无法证明它现在可以就喜鹊和大象所下的结论：它们能够"自我识别"。换言之，从研究人员的角度来看，某些动物的失败反而令实验结果更加令人信服。而我也无法像现在这样坚定地宣称这场实验真的很有意义，它让研究者、喜鹊和大象都变得更加聪明了。

首先，让我们从最显而易见的方面开始，来说说我们可以明确地称为"成果"的地方，即研究人员对该成果的评价。

我想借用喜鹊研究员们的评论，在鸟类研究领域，这样的话相当惊人。他们写道："依据与评估灵长类动物相同的标准来评估喜鹊，它们表现出了自我识别的能力，从此站到了认知鲁比孔河**我们这一侧**。"我认为"认知鲁比孔河①"的比喻颇能表达那几层意思：故事里有不凡的功绩、征服和胜利，也有事件、跨越和越界。命运就此决定：喜鹊（*Pica pica*）成为第一种跨过自我识别之界河的鸟类。但是这场历险还书写了另一个故事。在生物学上分化三亿年后，鸦科和灵长目被聚到了一起：喜鹊现在站到了认知鲁比孔河**我们这一侧**。长期以来，人们一直认为人类是自我意识这一本体论明珠的唯一持有者；后来，我们开始接受非人灵长类动物也可以拥有这一能力；随后，通过动物行为学领域常见的能力传染效应，海豚、逆戟鲸，以及故事中早于喜鹊实验两年的那三头大象，也相继被承认拥有自我意识。但是，直到这一步，人们还一直认为只有哺乳动物才拥有这项能力。喜鹊研究员们在论文的引言中便指出，似乎存在"一条认知鲁比孔河，一侧是大猿和其他具有复杂社会行为的物种，一侧是动物界所有其他物种"。而且这是一种得到生物学证实的等级制度，因为人们曾将自我意识与哺乳动物新皮层的出现和发展相关联。

---

① 意大利北部河流，是罗马共和国时代高卢与意大利的分界线。公元前 49 年，恺撒与庞培争权，不顾将领不得率兵跨过此河进入意大利的禁令挥师渡河。

现在回到哈维、莉莉、马克辛和帕蒂的失利，我会试着证明这也是成果的标志——对我来说。首先，实验者们认为这些失败不仅不损害结果的可靠性，反而证实了结果。在对大象进行测试之前，波维内利测试过 92 只黑猩猩，面对镜子，只有 21 只表现出自我探索行为的明显证据，另有 9 只证据不明显；而在 21 只"镜像探索者"中，只有一半通过了色点测试。

但进一步讨论这些我称为"成果"的失败，我想指出该实验与我所称的那些"有成果的实验"属于一类，有一种特殊性。就像与其类似的其他实验一样，该实验在某一方面特别杰出，通过一个迹象可以马上发现：这是一个培育（culture）独特性的实验。哈维、莉莉、戈尔迪、格蒂和夏兹，哈皮、马克辛和帕蒂，它们与用于证明某个物种之特殊性的匿名受试动物群体完全两回事。这意味着，它们未能识别自我的失败不仅标志着对于谨慎开展普遍化操作的要求：实验告诉我们，喜鹊——某些喜鹊，更确切地说是人工手养的喜鹊，和几头三十岁左右、在动物园里长大的雌性亚洲象，在按照方案（标准化方案，精确地记载于论文附录的方法论章节中）营造的某些对于喜鹊或大象而言极为特殊和罕见的情况下（☛ L：Laboratoire——实验室），能够发展出一种新的能力。但是，这些未能自我识别的喜鹊和大象同时也显示出这类实验的伟大。它们属于发明实验。实验设置无法"决定"会获得的行为，只是为此创造机会。

因为如果"所有"喜鹊和大象都通过了测试，那就意味着两种可能：要么该行为是由生物机制决定，要么是人工使然。然而，实验对喜鹊或大象的本性恰恰不作评论；它没说"喜鹊和大象有自我意识"；它只告诉我们什么情况有利于这种转变。这一能力既非仅仅来自这些动物的本性（生为喜鹊或大象当然和生为鸽子不一样，但是，如果该能力铭刻在了它们的天性中，那么同一物种的所有个体都会从镜子中认出自己），也不仅仅是实验手段的功劳（它们"迫使"喜鹊和大象认出自己）；这一能力属于特定生态环境的发明。失败的重要性即在于此！

换言之，要是这些喜鹊和大象都成功了，研究人员也充分解读出其中意义，那还是会有人怀疑结果仅是人工的产物。为与"成果"相区别，我以"成功"一词定义人工的可能性：是的，假设得到了验证，实验是成功的；但这仅是因为动物对假设的服从是施诸动物的约束条件的产物。要简单地定义这种人工现象，我们可以说动物回应了研究者，但是它回应的问题与研究者提出的问题完全不同。因此，回到喜鹊的案例上，研究人员小心避免动物仅由于屈从他们的原因而证明假设的可能性。研究人员曾使鸽子做出一些行为，与镜像测试诱发的行为类似。然而，普赖尔和同事们宣称，在分析实验程序的时候，他们意识到鸽子已经进行过大量条件学习测试，它们最终导致了自我识别行为模式的出现。鸽子做了自己被要求做的事情，但却是出于所涉能力之外的其他原因；它们给出的答案是对另一个问题的回答。需要注意的是，在这类实验中，一批受试对象通常会经历无休止地重复测试。因此，研究喜鹊的时候，研究人员不得不冒险采取了预防措施：喜鹊只经历了少数几次测试；它们的行为，用研究者自己的话说，必须是"自发的"，而不是"盲目"学习的结果，否则就无法证实它们拥有这一复杂认知能力的假设。

哈维、莉莉、马克辛和帕蒂的失败反映出这一测试予人启迪的一面。被卷入实验的喜鹊和大象对参与邀请不予理睬。允许实验的受试者"顽抗"会给实验带来风险，但也会有意外之喜。用鸽子做实验风险很小：它们是条件学习最好的兜售者之一。它们面对镜子总会做出预期的反应——只要人们教会它们怎样反应。但是代价高昂，研究人员无法主张鸽子之实验表现的自主性，它们完全由实验设置所决定。

因此，哈维、莉莉、马克辛和帕蒂的失败是完美的成功标志。实验表现的自主性——科学家称之为"自发性"——反映了这样一个事实，即实验设置是受试者实验表现的必要条件，但不是充分条件。当然，没有镜子，没有研究，没有驯服，没有色点，没有测试，没有观察，也就没有能够自我识别的喜鹊或大象。但是，如果喜鹊或大象完全受实验设置约束，那么它们的表现也就与条件反射的动物没有区别。区别就在于这个无疑定义不清的措辞——"感兴趣"，一词多义①的表述留下了许多习惯和思辨的空间。我们不知道这些能够自我识别的喜鹊和大象在测试中对什么感兴趣，可以有很多假设。但是，如果我们颠倒这个问题，它也同样有趣：为什么未能自我识别的动物不感兴趣？研究者提出这个问题本身就反映出多种认识论和伦理学的考虑——伦理学（éthique）要从"特有行为"（éthos）的词源学意义上理解，即"习惯"和"规范"。比如，对于大象，研究者估计它们在测试中失败的原因可能是由于习惯。一个色点对它们来说无所谓，因为在清洁方面，大象的习惯与鸟类或黑猩猩不同，它们做的不是清除污物，而是用泥浆和灰尘来冲洗自己，对细节并不十分注重。所以，测试中的小色点对它们来说根本不算什么。蒂博·德

① "感兴趣"法语为 être intéressé，也有"相关、有关"的意思。

梅耶尔和夏洛特·蒂博比较了波维内利与德瓦尔和普赖尔团队的实验设置，发现了一个巨大差异。在德瓦尔和普赖尔团队的实验中，大象可以触碰镜子。我这两个学生认为，大象甚至能与镜子建立情感联系。我想我可能不会使用这样的措辞，但它把我们引向另一个表述，属于感动（affecter）范畴的表述：它们让自己受到"感动"。因为科学家考虑到它们的习惯，所以这些动物能够和镜子"游戏"，以想象、探索、情感、感觉和具体的方式发明多种新习惯。通过增加和发明这些习惯，它们的习惯无疑和我们的习惯产生了交叉。不要忘了，照镜子当然是我们的习惯。我们无法确定认出自己映像的喜鹊和大象遇到了自己，但和我们，它们确实产生了交会。

关于本章

这篇对于镜像实验的思考是在我的一篇旧文的基础上扩展而成，那篇文章发表在让·伯恩鲍姆（Jean Birnbaum）主编的一本合集里（Vinciane DESPRET, «Des intelligences contagieuses», in Jean BIRNBAUM, *Qui sont les animaux?*, Gallimard, coll. «Folio Essais», Paris, 2010, p.110—122）。

研究喜鹊的文章由三位德国研究人员共同署名：Helmut PRIOR, Ariane SCWARZ et Onur GÜNTÜRKÜN, « Mirror-Induced Behavior in the Magpie (*Pica pica*): Evidence of Self-Recognition», *PloS Biology*, 6, 8: e202. Doic: 10.1371/journal, 2008。关于大象的研究请参看：Joshua PLOTNIK, Frans DE WAAL et Diana REISS, «Self-recognition in an Asian Elephant»,

Proceedings of the National Academy of Sciences, 103, 2006, p. 17053—7。

帮助我完成本章大象部分内容的两位学生是布鲁塞尔自由大学人类学硕士研究生夏洛特·蒂博和哲学本科生蒂博·德梅耶尔。读者有兴趣的话可参看他们精彩的研究:Charlotte THIBAUT et Thibaut DE MEYER, *Les Éléphants asiatiques se reconnaissent-ils? Jouer avec des miroirs*, présenté dans le cadre du cours «Éthologies et sociétés», ULB, 2011。

不同研究领域之间的能力传染效应让我觉得十分奇妙,对于这个话题,请参阅巴黎拉维莱特展览馆那场我担任科学策展人的展览的展品目录中的文字:Vinciane DESPRET (dir.), *Bêtes et Hommes*, Gallimard, Paris, 2007。

我从布鲁诺·拉图尔那里借用了"顽抗"一词,那是他在评价伊莎贝尔·斯坦格斯的假说时用的词,见于以下著作的序言:Isabelle STENGERS, *Power and Invention*, University of Minnesota Press, Minneapolis。

Q：Queer—酷儿
企鹅会出柜吗？

　　　　Queer：歪歪斜斜的。奇怪的，怪异的，令人不安的。

　　　　用法：用 Queer 一词来指"同性恋者"最早出现在二十世纪初……但是，近年来，同性恋者开始使用该词，并刻意用它取代"同性恋者"一词，以期通过积极的用法消除其中的消极色彩。

　　　　　　　　　　　　　　　《新牛津美语大词典》

　　1915 年至 1930 年间，在爱丁堡动物园里住着一群企鹅。那些年，有一群动物学家耐心细致地观察它们，并从一开始就为每个企鹅起了名字。在获得名字之前，它们每一只先被分配了性别：根据它们的结对情况，一些被起名安德鲁、查尔斯、埃里克……另一些则被取名为贝莎、安、卡罗琳等。

但是，随着时间的流逝和观察的累积，越来越多令人不安的事实似乎在这个美丽的故事中引发了混乱。首先，动物学家们不得不承认，原来的性别分类所依据的前提有些简单化了：某些结对的企鹅并非一公一母，而是两只雄性。身份倒错得——人类观察者所为，不是鸟类自己——就像莎士比亚的剧情那般复杂。再加上当时企鹅也来添乱，它们调换伴侣重新结对，于是事情变得更加复杂。经过七年波澜不惊的观察，动物学家们意识到除了一只企鹅，所有企鹅的性别都弄错了！开始了大范围改名：安德鲁重命名为安，贝莎变成贝特朗，卡罗琳成为查尔斯，埃里克变成埃里卡，多拉仍然是多拉。生活和谐的埃里克和多拉现在被称为埃里卡和多拉；另一方面，此前发现是雌性同性伴侣的贝莎和卡罗琳从此改叫贝特朗和查尔斯。

这些观察结果并未破坏大自然的图景。科学家当时认为同性恋是动物界的一种罕见现象，这些企鹅无疑属于那些在养殖场和动物园偶尔观察到的零星病例，可以断定是由圈养条件造成——与把同性恋视为精神疾病的人类心理病理学理论完美一致。同性恋是反自然的，大自然可以证明这一点。但是，似乎大自然在1980年代改变了主意，动物同性恋行为变得数不胜数。大概应该把这视作那些年里酷儿革命和美国同性恋运动给这些无辜生物带来的糟糕影响吧。

也许，我们得换个方式提出这个问题：为什么以前没有在大自然中看到同性恋？布鲁斯·巴格米尔（Bruce Bagemihl）长期调查、统计最近出柜的物种，写了一本书，题为《生物繁荣》（*Biological Exuberance*），考虑了几种假设。他说，首先，我们以前没有看到同性恋，是因为我们没有预备看到同性恋。当时没有任何理论可以接纳这种现象。同性恋行为似乎是演化的悖论，因为这些同性恋动物原则上无法传播自己的遗传基因。这一方面反映出一种十分狭隘的对于性的理解，另一方面也体现了一种十分狭隘的对于同性恋的理解。前者认为，动物交配仅出于繁殖目的。最刻板的神在动物身上塑造出他无法从任何人类信徒身上获得的美德。动物只会做对其生存和繁殖有用的事情（☞ N：Nécessité—需求；☞ O：Œuvres—作品）。后者则认为，同性恋动物只会寻找同性伴侣，并在这方面表现出一种严守正统的刚性。

其次，对于那些观察到同性恋行为的人来说，某个功能主义的解释便完全可以说通，而且好处是把这种行为移出了性问题的讨论范畴。当我还是学生时，在动物行为学的课堂上，老师告诉给我们，一只猴子向另一只猴子展露自己的生殖器部位，并任对方"爬跨"——我也听说过有关奶牛的类似案例——这种行为与性无关，只是通过体位的上下来表明统治或臣服地位的一种方式而已。

最后，还有一个重要原因，事实上，研究人员以前很少观察到动物界中的同性恋行为，因为很少能看到这种行为。这并不是说这些行为罕见，而是说我们看不到它们，就像我们也很少能观察到动物的异性性行为一样，因为这是一个易受攻击的时刻，所以动物通常会躲起来，避免被看到，更何况在动物的经验里，人类是潜在的掠食者。每年都有许多小动物出生，所以即便只在极少的情况下观察到野生动物交配，人们也从未怀疑动物有性生活。但是，罕见并不意味着"完全没有"，涉及同性性行为也是如此。为什么长期以来研究报告里就没提到过呢？1980 年代末，灵长类学家琳达·沃尔夫（Linda Wolfe）就此询问过同行，有几位——他们要求保持匿名——承认，不论是雄性动物还是雌性动物的同性性行为他们都看到过，但是他们担心大众的恐同反应，害怕自己也被指为同性恋。

鉴于这些原因，我们可以合理地认为酷儿革命带来了一些改变。它让人意识到在异性性行为之外也会存在另一类性行为，激励研究者去寻找、讨论它们。从海豚到狒狒，包括猕猴、绿水鸡、灰胸丛鸦、海鸥、昆虫，以及著名的倭黑猩猩在内，现在已有数百种动物加入了这场革命。

与此同时，动物的性行为还得益于我所谓的"动物文化革命"。曾经长期被排除在外，现在，动物可以宣称自己是在文化（culture）的畛域中组织起来的。动物也拥有手工艺传统（制造工具或武器）、流行歌曲（例如鲸类），一些专属于某些现在称为"文化"群体的狩猎、饮食、制药实践与方言，它们为动物习得、传播或放弃，时而流行，不断被发明和再发明。现在，性行为，包括其同性行为变体，也成为一种这样的实践，它也带有文化习得的印记。例如，在雌性日本猕猴中，行为方式就表现出差异，某些做法在部分群体中似乎更受欢迎，并且随着时间而演变，出现趋于取代其他行为方式的新发明。某些"传统"或性行为模式被发明出来，通过社会互动网络传播，游走在群体、种群、地域、世代之内与之间。巴格米尔认为，性行为在非生殖语境中的创新促进了一些在文化演化视野下的重要事项的发展，尤其是在交流和语言的发展，以及禁忌和社会仪式的创造方面。例如，研究倭黑猩猩的科学家识别出它们的二十五个手语信号，用来表示邀请、期待的姿势等。这些信号有的很直观，马上能理解含义，有些则更需会意，伴侣必须事先知道才能理解。例如，在某个群体中，邀请伴侣转身的手势是翻转手掌。含义隐晦，效仿行为，让人觉得它们是抽象符号。同样重要的是手势的顺序，有人因此提出了倭黑猩猩拥有语法的假设。至于伴侣关系的组织，似乎有一些复杂的规则。按照巴格米尔的说法，某些物种，根据所涉的是异性还是同性关系，禁忌规则相对有所不同；和某类伙伴禁止发生的情况在其他关系中则行得通。

如巴格米尔所做的那样关注这些实践的多样性，从许多角度看都明显是个政治选择。

一方面，这种多样性将性行为从自然领域转移到了文化领域。这是一场豪赌，一个选择。不只是要把同性恋拉出精神疾病或司法打击领域——我们将看到，在美国的某些州，同性恋依旧被判刑。巴格米尔拒绝了援手，拒绝了能推动同性恋去病理化、去罪化的战略盟友。援手中握着一个简单的命题：如果同性恋是天然的，那么它就既非疾病，也不违法。鲍尔斯（Bowers）案的审判中，佐治亚州的法官即使用了同性恋非天然的论据。鲍尔斯因同性性行为而被捕、定罪，[①] 所涉行为的非天然性是指控成立的论据之一。如能将同性恋天然化当可解决很多问题。然而，巴

---

① 此处原文有误。该案当事人为迈克尔·哈德维克，他被定罪后提起诉讼，挑战佐治亚州《反鸡奸法》的合宪性，佐治亚州败诉，佐治亚州总检察长鲍尔斯又向美国联邦最高法院提起上诉，故该案全称"鲍尔斯诉哈德维克案"。1986年，联邦最高法院裁定佐治亚州《反鸡奸法》合宪。

格米尔认为，即便同性恋是天然的，"天然即正义"的等式对它也不适用。大自然没有说过存在即"应"然。它可以满足我们的想象，但无法勉强我们的行为。顺便提一句，历史充满了讽刺。巴格米尔的拒绝并不妨碍他的书在 2003 年得克萨斯州法院对两名同性恋者的审判中被引用。劳伦斯及其伴侣遭人投诉夜间扰民，被上门的警察捉双在床。根据上文提到佐治亚州的判决，他们因同性恋被起诉。然而，得克萨斯州法官拒绝遵循前述判决的判例，并部分基于巴格米尔的书驳斥了天然性论据。审判最后，《反鸡奸法》被认为违宪。

《生物繁荣》的作者拒绝把同性恋视为自然现象还有另一个理论色彩较淡的理由。巴格米尔不仅是同性恋，更是一名酷儿。让他感兴趣的是——我搬用他的话——"一个桀骜不驯的多元世界，它容许差异，尊重不正常或不规则，不会把它们归纳为熟悉或可控的事物"。这便是身为"酷儿"的含义，没有比这更好的定义了。这是一种政治意愿。这种政治意愿不仅影响人类，还关系到我们周围的世界，关系到我们与这个世界建立联系的方式，其中便包括了解世界、实践知识的方式。巴格米尔意识到承认同性恋为自然现象的风险。那等于是把它变成生物学家的题目，他们会试图解决这一悖论，而他十分了解已经盯上来的这群人：他们是社会生物学家。确实，社会生物学家对这个新问题产生了浓厚的兴趣：这可是又一个可以演示和扩展理论的课题啊，社会生物学将变得更加"全境域"；全世界都将社会生物学化。因为亲属关系理论对于同性恋有一个现成的解答，基于僵化的正统同性恋概念：诚然，同性恋个体不会将基因传给后代，所以正常情况下他们本应灭绝，因为没有携带同性恋基因的后代——不消说，同性恋自然是基因决定的；但鉴于同性恋自己没有家庭，所以他们将大量的休闲时间和精力投入到拥有一部分相同基因的侄甥身上。因此，同性恋基因将通过侄甥的后代继续传播。这类生物学是政治性的，倒不是因为我们通常的那些批判——这些理论能够轻松转译为歧视女性、种族主义、优生学之类及资本主义的理论——而是因为这些理论对那些它们声称加以说明的人的愚蠢化、侮辱和简单化。换言之——我借用心理学家弗朗索瓦丝·西罗尼文章里的话——社会生物学理论是一种虐待性理论。所有行为都被归因于遗传物质那团浆；个体成了由不受自己控制的法则所决定的盲目的蠢货——而且这些法则简单之极。没有发明，没有多样性，没有想象力——而它们之所以依旧存在，那是因为它们被选择来帮助传播我们的基因。没人能既当酷儿又当社会生物学家。

但是，真的可以说动物是"真正的"同性恋吗，人类意义上的？巴格米尔回答：那人类是否可以这样说自己呢？从喜爱少男的古希腊，到今日各式各样的存在模式，这同一个词，指的还是同一个现实吗？我们可以说各形式的同性性行为的动物版本是"真正的"同性性行为吗（☞ V：Versions—译为母语）？

布鲁斯·巴格米尔计划的严密性便在于此。生物学必须就自然和生物个体的多样性与繁荣做出解释；它必须要跟上它们的要求。他对科学家任务的描述体现了这种立场：观察更多现象，从而让自己有机会做出更多阐释。与"全境域"理论南辕北辙；事物的多样性将促进阐释的多样性。他管这叫"公正地对待现象"。

大自然被邀来参与一个政治计划。一个酷儿计划。关于我们是谁或者我们应该做什么，大自然教不了我们什么。但是它可以滋养想象，并激发人们对处世和存在习惯与方式之多样性的追求。它不断重组类别（catégorie），基于每个类别的多种维度创建新的身份模式。例如，许多动物都以创造性的模式发明着雄性或雌性的含义，展现出众多进驻性别的方式。在某些鸟类中，有时甚至是同类成员中，可以看到两种标志性的情况：一方面，我们可以看到雌鸟终身成对生活，两只雌鸟每年一起筑巢、孵卵——其中一只与雄性交配所生，彼此间时常表现出求爱行为，但从无交配行为；另一方面，我们也会看到一只雄鸟终身与同一只雌鸟为偶，定期与之交配并抚养幼鸟，但在某个时候会与一只雄鸟交配（只此一次，下不为例）。对它们应如何分类？这些关系是同性恋还是双性恋？这些鸟一直都是雄性或雌性吗？这些分类对于说明它们的所为与所是仍然适用吗？

这让我联想到我在弗朗索瓦丝·西罗尼的著作中看到的主张，她对变性与跨性别人士进行了研究。她主张的酷儿计划植根于生理与心理性身份的问题，但其政治目标首先与一种要求思考且能够激发思想的实践紧密相连。两人的思考都旨在改变与标准、与己与人的习惯和关系，开拓诸多可能性。因为虽然这位临床心理学家的意图主要是陪伴求助者，帮助他们与心理学同行针对他们的"理论虐待"作斗争，"从标准化的模子中解放性别（genre）"，支持"性别惊人的创造活力"，但她同样还指望他们——这些人是"变形"的专家——帮助我们思考和想象其他"当代身份建构"。"跨身份和跨性别个体目前在现代世界中有一项功能［……］。他们的功能是促进诸多变异（des devenirs），展示自身与世界中多样化的多种表现。"即：去地域化，向欲望的新的整合（agencements）保持开放，培养对于"变形"的追求，并在多种隶属关系中塑造自我。

关于本章

请参看以下著作：Bruce BAGEMIHL, *Biological Exuberance. Animal Homosexuality and Natural Diversity*, Profile Books, Londres, 1999。爱丁堡动物园企鹅的例子来自该书。

劳伦斯案后决定了同性恋非罪化的论据可以在以下网站上找到：bulk. resource. org。

其中并未提及巴格米尔的著作；但其他信源可以证明这一点。应法庭要求，美国心理学会（APA）在审理中提供了美国法律所称的 *amici curiae*（法庭之友意见书），这是一种由一群专家对于一个特定问题出具的一般性意见。这一文件里提到了巴格米尔的书，认为可以反映对同性恋非自然性的一种质疑。我毕竟未能查阅这些"法庭之友意见书"，但是最激进的恐同人士之一路易兹·索里梅奥（Luiz Solimeo）引用过它们，这使我毫不怀疑它们的存在。参见 tfp. org。

另请参见：Françoise SIRONI, *Psychologie(s) des transsexuels et des transgenres*, op. cit。

R：Réaction—反应
山羊同意统计报告吗?

1992 年，科学家达尼埃尔·埃斯特普（Daniel Estep）和苏珊娜·赫茨（Suzanne Hetts）写道："在大多数研究中，科学家希望动物把他或她当作环境中一个在社会性层面上无关紧要的成分。这样就能把两者之间的交流降至最低。许多田野研究人员使出浑身解数，或是在研究对象面前伪装自己，或是躲在哪里，又或者使用远程观测器材（望远镜、遥测装备等）。另一些人则投入大量精力和时间使他们的动物习惯于在场观察者的身影。很难评估他们降低动物反应性的实际程度，也没人真正直接质疑这一点，即便有也很少。观察人员并不经常描述研究对象对他们的反应。"

他们写得没错，反例并不算多。我们可以在灵长类学家（☞

C：Corps—身体）或者在康拉德·劳伦兹的实践中看到几个反例，劳伦兹正是利用自己与动物结成的亲密关系来研究它们。大多数研究者在这方面不无困难说明了其中的难度。不过事情正在逐渐改变，上述引文字里行间的批评意味也体现了这种对待动物观察对象的新态度。我自然完全同意这一批评，但其表述中的某些方面值得商榷。引文所自的文章从属于一个更宏大的研究项目，汇聚了一批希望对动物与观察者之间关系进行思考与说明的科学家。项目本身引人入胜。但是，这段引文仍显示出此类尝试的局限性：两位作者用了"反应"和"反应性"这样的词。我从哲学家唐娜·哈拉维那里学到要重视措辞，它们除了是某些习惯的反映，尤其会使叙事带上某种立场（☞ V：Versions—译为母语；☞ N：Nécessité—需求）。

动物行为学家常用的"反应"一词并非无足轻重。用在关系研究中，它远远反映不了它所要指称的现实。一方面，两位作者把动物将在场观察者纳入考量的方式简化为"反应"，延续了动物被动、完全被超出其掌握、不受控制的因素所决定的观念。与之相连，另一方面，把习惯化（habituation）视为减少动物对在场观察者"反应性"的方法，则遮蔽了动物在此类相遇中表现积极——甚至极为积极——的事实。反应性降低实际上是另外一事最明显的效应；它并不提供解释，而是要求得到解释。即便如此，对于每个动物群体，仍须考虑一系列假设，不但要根据语境，而且还受制于该群体的组织方式、其对外来者的阐释、外来者所带来的机会，等等。简而言之，每位动物行为学家的处境类似人类学家，后者在田野研究中必然要思考（或试图回答）一个问题：我的调查对象如何理解我要做的事？他们怎样看待我的意图?他们如何转译我寻找的东西?他们如何评估我带来的麻烦或好处,麻烦或好处又是对谁而言?当灵长类学家——或罕见情况下,动物行为学家——提出这类问题,另一种故事便开始显现。灵长类学家塞尔玛·罗威尔即根据一项平淡无奇的发现,提出修改"习惯化"一词的含义。与偶尔考察(或从远处观察)的猿猴群体相比,享受到观察者"习惯化"待遇的群体个体数量上似乎有所增加。"享受"一词并非随机选择,因为个体数量增加对相关群体有利。罗威尔仔细考量了习惯化过程的形成条件,意识到科学家的近距离在场对掠食者产生威慑,迫使它们前往别处捕猎。于是,她提出假设:许多动物一旦明白观察者在场会给它们带来保护,就会故意让观察者靠近。这不是习惯化,而是与观察者共处,甚至利用观察者的问题。但是,这种解释不具有普遍性。有些猿猴并不遭受掠食者的严重威胁;有些猿猴只和人类有大麻烦;还有一些社会组织不怎么紧密的,如猩猩,必须学会与吓走同类和雌性的外来者共处。这一切与所谓的反应性相去甚远,另一种完全不同的故事——一种全新的讲故事的方式——出现在我们面前。它现在讲述的是不同生物个体如何经验这一相遇,双方如何阐释交流中的利害及规则,如何巧妙地达成交流。显然,这违背了许多研究人员遵循的"搞科学"的要求(☛ L: Laboratoire—实验室)。

放弃反应性,并严格贯彻,也就是说接受这一选择的后果,这对于研究人员而言绝非易事。这是一个艰难的选择,经常意味着研究被否定、文章被拒稿。放弃反应性意味着接受动物能积极考虑和回应向它们发出的信号,要求研究人员采取另一种思路。因为,相较于"回应"一词隐含着脱轨的可能性,"反应"一词默认提出问题的方式预先决定了将要发生的事情以及发生之事的意义。这意味着，对于接受倾听动物回应自己的研究人员而言，对局势的控制以另一种方式分配。用伊莎贝尔·斯坦格斯转译差异的方式，我会说科学家对动物的回应"负有义务"，他必须对此进行回应（répondre à），并就此作出交代（répondre de）。

米歇尔·默雷（Michel Meuret）①做了这一选择；观察的动物对他做出了回应，他则顺势而为，最终妨碍了抽样调查的可能，自然也影响到研究结果发表的可能。有关现象因为出人意料而着实有趣。那是一次"习惯化"实践，不过是在实验环境中进行的。对象也不是猿猴，而是山羊。更令人惊讶的是，默雷研究的不是社会行为，而是食物偏好，研究人员通常不会因为这一课题而特别关注动物的社会性。

他的研究项目旨在评估异常条件下——本例中为清除灌木的地带——山羊究竟吃什么、吃多少、怎么吃。的确，整体上看，实验近似于一种接近动物行为学田野研究的调查，但"异常条件"，即异于养殖条件下进食习惯的食物，使得"实验"一词顺理成章：山羊须面对一项"测试"，而实验将评估山羊的回应方式。第一步要让被观察的动物与观察者之间"相互习惯"。当习惯似乎建立起来后，研究人员将在牧羊人的建议下，设法确定预期观察者的持续在场不会对它们造成太大干扰、可以跟踪研究的个体。完成了这一步骤，研究才真正开始。团队成员每人盯一只选定的山羊，每天都跟着它，观察它一天都吃些什么，仔细记录每个细节、每种植物、咬下的每一口。可以说贴身观察，高度

---

① 法国生态学家，畜牧专家，法国国家农业、食品与环境研究院（INRAE）研究主任。

关注。

科学方法要求随机选择测试对象，以形成随机的样本。然而——这恰恰是第二步的用义所在——这一选择无法随机进行，否则会是灾难性的。因为观察者的长期在场会——比如说——改变个体的社会地位。一只想要竞争首领之位的动物会把研究人员的关注当成鼓励。成为人类强烈兴趣的对象引发了某些山羊的一些行为，如想要取代他者、夺取它们的食物，甚至挑起战斗。而对于另一些山羊，成为人类关注对象则激起同伴对它们的攻击，就好像这种关注体现出关注对象改变等级的意图。风险不仅是在群体中造成混乱，还会让人闹不明白究竟在观察什么：是山羊在异常条件下的吃食，还是相反，是想要向群体其他成员展示自己优越性——因为突然认为自己的身份发生了改变——的山羊的吃食？

可供跟踪观察的山羊数量仅为群体中山羊数量的 15％—20％。这根本不是什么样本，这些观察对象绝不代表整个群体，更无法代表所有山羊。但是它们仍然反映了与山羊有关的一些信息：这些非常地带供给它们的食物质量，它们对此是否认可。因此可以认为这些山羊不具有代表性，不能代表整个山羊群体，但却是山羊在研究者、在那些想让山羊对过火森林、灌木被毁地区进行必不可少的维护之人身边的"代表"。而且如果科学家选择正确，那么这些山羊也将是"可靠的代表"。虽然实验设置中并未明确使用该术语，但"代表"一词确实能够说明这一实践，阐明所形成的关系。无论它如何隐蔽，还是令结论的一般化工作极度迟疑，也让研究人员更加注意自己的选择和工作的后果，更加注意山羊的回应方式。默雷进一步解释说，实验进行中，如果观察者长期近距离在场使得观察中的山羊表现出过多的兴趣、焦虑或不适，那就必须放弃观察。作为"代表"，就要确保实验设置的可靠性和结果的可信度；其前提不是对观察实践的冷漠或反应，而是拉丁语词源 probare（证明）意义上的"同意"（approbation）——提供证据。这要求研究人员想象他们的动物对他们的信号做出回应，进行评判，并在评判基础上获得回应。证据："动物因为你挡了它获取食物的路而把你推开，这对于观察来说是个好兆头，这意味着它能够表示你干扰了它。"

某些实验研究开始接纳与可靠的"代表"打交道要比与不感兴趣的代表性样本打交道更有意思的观点。这些研究很少，对会说话的动物的那些成功研究（☞ L：Laboratoire——实验室）即属此列。不想说话的动物不会合作。因此研究人员只能研究表现出兴趣的动物，并积极地把它们往这个方向引导：把它们变得"感兴趣"。不过另一些此类尝试正开始涌现。最近，我发现美国耶基斯研究中心的灵长类学家对圈养黑猩猩进行了一项实验，以评估使用工具被模仿时，黑猩猩身份带来的影响。如果两只身份迥异的黑猩猩——一只年轻黑猩猩和一只更年长、地位更高的黑猩猩——都向同类展示使用工具获取零食的行为，那么旁观者会模仿它们之中哪一只呢？它们教授的两种方法略有不同，因而可以识别哪一种方法会得到偏好。顺便说明一下，这项研究旨在了解一种新习惯的文化传播机制：年轻个体通常是新习惯的发明者，而地位更高的个体通常更有威望。至少就实验中的工具而言，威望似乎占了上风，这就留下了一个悖论：我们仍然不知道创新是如何传播的。但是我想指出的不是这一点，它也不在研究报告的正文里，而在附录部分的方法论中——正如通常发生的那样。研究人员写道："黑猩猩能辨识出自己的名字，并被'叫来'参与研究，要么我们把它们从外面的场地叫到里面，要么我们把实验设备紧贴围栏放置，使它们能与实验设备互动。"

　　这只是很小的一步，但也许预示着其他步。当然，在需要黑猩猩引起兴趣的条件下召唤它们来参与实验，并不能说明实验中的问题令它们感兴趣；而统治概念仍然是研究人员关注焦点的事实一般更不会让我得出上述判断（☞ H：Hiérarchies—等级）。但是，当米歇尔·默雷这样的研究者迈出这一小步时，我会认为，某种客观性的观念取代了另一种，后者将知识定义为一种权力的表现，而这种权力因其自诩不带任何视角而更显强大。正如哲学家唐娜·哈拉维提出的那样，在新观念里，客观性不再是不介入的问题，而是"互相且通常并不平等的结构化"。她写道，这种对客观性的新认识要求"将知识对象描述为行动者和能动者，而不是屏幕、主题或资源［……］。这一点在人文与社会科学的批评方法中明显具有范式的意义。在这种批评方法中，被研究种群本身的行动能力彻底改变了某种社会理论的生产计划。接受研究'对象'的行动能力是避免在这些领域中犯下各种低级错误、形成错误知识的唯一方法。问题是，这也适用于我们称为科学的其他知识计划［……］。这些计划的行动者形式多样、精彩纷呈。对'真实'世界的描述不再基于'发现'逻辑，而是基于称为'对话'的强大的社会关系。世界既不会'自我'讲述，也不会被某位解密者所替代"。她的结论是："在知识领域，尊重世界自身的行动就是接纳某些令人不适的可能性，尤其是这一理念：世界拥有其特有的幽默感……"

关于本章

本章伊始的引文摘自下列著作的第一章：Diane BALFOUR et Hank DAVIS（dir.）, *The Inevitable Bond: Examining Scientist Animal Interaction*, Cambridge University Press, Cambridge, 1992。

有关米歇尔·默雷的研究的信息，请参见：Cyril AGREIL et Michel MEURET, «An Improved Method for Quantifying Intake Rate and Ingestive Behaviour of Ruminants in Diverse and Variable Habitats Using Direct Observation», *Small Ruminant Research*, 54, 2004, p. 99—113。此外，2009 年 6 月，这位科学家曾应我之请，赏光驾临寒舍两日。本文是我们讨论的结晶。

塞尔玛·罗威尔提出关于"习惯化"的观点来自我对她的采访。当时，我和迪迪埃·德莫西（Didier Demorcy）在制作短片《非羊之羊》（*No Sheepish Sheep*），以用于 2005 年春季布鲁诺·拉图尔和彼得·韦贝尔（Peter Weibel）主持的展览：*Making Things Public. Atmospheres of Democracy*, ZKM de Karlsruhe。

黑猩猩折服于威望的研究报告：Victoria HORNER, Davy PROCTOR et Kristin BONNIE, « Prestige Affects Cultural Learning in Chimpanzees», 2010 年 5 月发布在 plosone. org 网站上。关于黑猩猩配合实验的信息可点击"Supporting information S1"链接查询。

引用的唐娜·哈拉维的文字取自她的一本法语版文集：

Donna HARAWAY, *Des singes, des cyborgs, des femmes. La réinvention de la nature*, Éditions Actes Sud/Jacqueline Chambon, Arles, 2009。

S：Séparations—分离
可以让动物陷入缺失吗？

　　灵长类学家芭芭拉·斯摩丝写道："在肯尼亚研究野生狒狒时，我在研究站看到一只缩在笼子底部的小狒狒。我的一名同事把它救了回来，它的母亲被偷猎者的猎套勒死了。尽管所处的笼子温暖干燥，还有一个提供牛奶的自动饮水装置，但几小时后，它依然变得眼神呆滞、身体冰冷、奄奄一息。大家一致认为回天乏术。我不想让它独自死去，于是把它的小身体抱到我的床上。几个小时后，我被一只两眼放光、跳到我肚皮上的小狒狒弄醒。我的同事说这是一个奇迹：'不对，哈里·哈洛（Harry Harlow）会说它只是需要一点舒适的接触而已。'"

　　我不能责怪芭芭拉·斯摩丝援引哈里·哈洛的话，那是避不开的，因为这段话出自她对记者黛博拉·布卢姆（Deborah

Blum) 2003 年所著哈洛传记的评论。但是，如果说我话里有刺的话，那是因为即使到了今天，一谈到依恋问题，哪怕对象是人类，仍然免不了要提到哈洛的名字。仿佛全亏了他我们才知道，当动物幼崽长时间得不到有质量的接触，随之而来的就是精神或物理上的死亡。人们早就知道这一点！把早已知道的事情归功于哈洛，这等于隐晦地认可他让我们"知道"这一点的方式：使用证据体制，但在这方面，证据体制等于破坏体制。现在该是把他当成历史来谈论的时候了，"这事曾经发生在我们身上"，这事迫使我们思考。

像斯摩丝的同事那样用"他会说"的方式提及哈里·哈洛略欠考虑，这说明我们在声称了解的同时实际一无所知。因为哈洛不"说"只"做"。如果哈洛在现场，那么我们将有一个完全不同的故事。这位心理学家一定不会错过在又一个物种身上再次检验他声称已被他证明了的论题的机会。他会再用铁丝和零碎布料分别制作两个假偶——再一次，又一次——验证关系在小狒狒孤儿所处困境中的必要性。归根结底，斯摩丝的同事说得不错，这是一个奇迹。因为奇迹确实发生了。然而，奇迹不在于年幼的小狒狒孤儿出乎意料的复生，奇迹在于一位科学家竟然没有忘记，只有当我们接受"随"研究对象学习，而不是"利用"甚至"针对"它们学习，才能真正了解它们。斯摩丝听从同情的安排，亲身冒着依恋的风险，一夜间便学到了哈洛通过长年施加于动物的虐待才产出的知识。她学到的是她已经知道但我们每次被卷入其中便会再学到一回的事情：要真正了解他者，尤其在这种涉及依恋的情境里，唯有以自身的依恋去体验那为他者重视的事物。

"过去四年，我们经历了严重的抑郁——所幸是他者的抑郁而不是我们的抑郁——我们认为动物研究的这一阶段是我们经历过的最成功、最有前途的阶段之一。"多年前，哈洛便是这样介绍他的研究成果的。但是，他说，他的关注核心与其说是抑郁，不如说是爱："令人惊讶的是，我们在猴子身上制造出抑郁不是通过对悲伤的研究，而是通过对爱的研究。"抑郁如何变成爱，爱又如何变成抑郁？哈洛的研究早已闻名于世。通过研究关系缺失对恒河猴幼崽发育造成的后果，这位心理学家旨在证明并把握关系那致命的重要性。

值得在此就当时心理学实验室所谓的"研究爱"稍作讨论。在她为哈洛撰写的传记里，黛博拉·布卢姆的不适和矛盾心理隐约可察——她的前一本书毫不掩饰她对保护主义运动和激进主义者的好感——但还是清晰反映出我所谓的哈洛这份遗产的遗毒：布卢姆把哈洛视为革命英雄，认为是他迫使心理学界把情感接纳为完全正当的研究对象。她重建哈洛的个人经历，找到一些迹象，以此说明哈洛在研究生涯之始就把爱当作了毕生的主题。

老鼠是这场异样探索的首批受害者。为撰写心理学博士论文，哈洛延续了导师凯尔文·斯通（Calvin Stone）的研究。斯通把自己的学术生涯全都贡献给了老鼠进食偏好的研究。哈洛着手研究尚未断奶之幼鼠的选择：和其他流质相比，它们是否更喜欢牛奶？它们可以在缺乏母乳的情况下接受橙汁吗？奎宁呢？盐水呢？为进行此类研究，当然要将幼鼠与母鼠分开。故事便就此开始。哈洛注意到，如果气温太低或太高，幼鼠就会停止进食。只有与母亲体温相当的温度才能促进食物的摄取。因此，进食反应可能是由在鼠窝中被母鼠抱护促发。从这一发现到幼鼠可能更喜欢和母鼠在一起的观点也就只有一步之遥了。

一步之遥，但是对于科学家而言，这一步走起来没那么随便。哈洛建造了一个笼子，里面有一片铁丝网将母鼠和幼鼠分开。嗷嗷待哺的幼鼠在隔离空间中饿得团团转，另一侧的母鼠则试图咬断铁丝网。必须测试这一冲动（pulsion）的力量。测试变成了神意裁判。要是给母鼠断粮，让它们挨饿，然后再打开铁丝网，放上食物，那么在幼鼠和食物之间，母鼠会如何选择？结果母鼠对食物视若无睹，直接奔向幼鼠。这种奇特行为的原因是什么？一种反射？还是本能？根据这些新的假设，哈洛对母鼠展开新的测试。他切除母鼠的卵巢；他把母鼠的眼睛弄瞎；他摘除母鼠的嗅球。瞎眼的、没有激素的、甚至没有嗅觉的母鼠仍然继续奔向它们的宝宝。这也许真的是爱——似乎爱不是由气味、图像和激素编织而成的。不管怎样，对于哈洛来说，这就是一种力量惊人的冲动：接触需求。

以上就是故事的开始。几年后，1950 年代初，故事又重新开始。这次是在威斯康辛州麦迪逊大学心理学系。实验对象不再是老鼠，而是恒河猴（Rhesus macacus）幼崽。有一种人类的血型系统就得名于这些伟大的实验室英雄。猴子不是老鼠，这一点人人都知道。而一旦要组建一个用于研究的种群，人们对这一点的体会就更深了：必须把它们从印度运来；它们价格不菲，而且运抵时通常状态很差。病猴感染健康猴，如是循环不绝。哈洛决定亲自创建自己的恒河猴种群。为了避免传染，幼崽一出生就被隔离起来。用这种方式饲养的幼猴甚是健康，除了一个问题：它们消极地坐着，身体不停地晃动，悲伤的目光盯着天花板，不知疲倦地吮吸着拇指。被带到同类面前，它们则背过身去，甚至发出惊恐的尖叫。似乎只有一件物品能吸引这些幼猴的注意力——覆盖笼舍地板的布片。它们不断把这些布片抱在怀里，裹在自己身上。触摸柔软的东西对这些幼猴来说是一种根本需求。

因此，必须研究、剖析和衡量这一根本需求。哈里·哈洛开始用破布制作代母假偶。与此同时，他也为这些恒河猴孤儿们提供了一个用钢丝制成但会向它们供乳的假猴。小猴们对钢丝假猴不屑一顾，只在吃奶时才会待在它旁边，其余时候，它们则久久地抱着破布制成的代母假偶。看来，触摸需求是一种初级需求；应该不是建立人们认为更基础的另一需求——进食需求——被满足的基础上。

柔软的假猴不仅有身体，而且还有头，头上有眼睛、鼻子、嘴巴：爱终于通过这张脸露头了吗？错，研究对象依旧是触摸需求。假脸的目的并不是让代母更加真实，而是为了杜绝另一种解释。因为这张脸毫无吸引力，恰恰相反，它不得产生吸引力。眼睛是用两片红色的自行车安全反光片做的，嘴巴是一块绿色的塑料，鼻子被涂成黑色。假如假脸是能够吸引幼猴的样子，那么就会有人质疑导致幼猴拥抱代母长达数小时的不是触摸需求，而是假脸上的诱惑性刺激。哈洛还将证明这一代母假偶的功效，即它的安抚功能。怎么做呢？把它们从幼猴身边拿走即可。幼猴陷入恐慌。于是便可以开始另一项实验。还有那么多东西可以拿走或给予，然后评估没有它们的后果。

拿走，拆散，毁伤，摘除，剥夺。在我刚刚提到的这一切操作里有某种无限重复的东西。分离实验并不是把个体彼此分开就完了，它是破坏、肢解，尤其还是摘除。好像那是唯一可做的事情。我不要求读者回到前文去盘点，不过那样的话他就会发现这个故事的真正脉络：一套愈演愈烈、直至疯狂的常规操作。先是把母猴和幼猴分开,然后把母猴和它们自身分开,从它们的身体里摘除卵巢、眼睛、嗅球——这就是科学中所谓的"缺失"模型。一开始是出于卫生原因分离母猴和幼猴,到了后来则变成为了分离而分离。

我们可以借用民族精神病学创立者、精神分析学家乔治·德弗罗(Georges Devereux)[①] 在《焦虑与方法》(*L'Angoisse et la méthode*)一书中的思考。他指明,科学家的冷漠主要是因为他们无法区分一块肉和一个生命体,无法区分对自己的状况无知和有知之物,无法区分"某物"和"某人"。他写道,一门称职的行为科学需要的不是被剥夺大脑皮层的老鼠,而是大脑皮层被还回来的科学家。不论是否有意,他之所以有这两种说法并非偶然:肉——那一定是来自某个动物,剥夺实验中的老鼠,代表了当代世界人类与动物关系中的两种主要暴力模式。不过,肉与生命个体的反差并不像他说的那么简单。因为如果德弗罗的意思是面对生命个体科学家会有所犹豫的话,那么当科学家想到他即将用酸性试剂糟蹋的这块肉来自一只必须杀死的动物,而且还须杀死其他动物供给其他会与酸性试剂起反应的肉块,他也会有所犹豫。至于被剥夺大脑皮层的老鼠和必须还回大脑皮层的科学家,德弗罗清晰地揭露了个中机制:方法代替了思考。德弗罗选择这个例子同样不是偶然:剥夺或分离实验——此处我把它们一例看待,因为基于相同的思路——是他揭露对象的典型体现。在此类实验中,方法以其最夸张的形式出现,表现为在所有层面上都采取相同动作的刻板行为,抑制一切迟疑的例行公事。

---

① 1908—1985,一生在多国生活、求学、研究、执业、教学,涉猎广泛,均造诣杰出。

仅以在迷宫里奔跑的老鼠为例，它们被怀疑没有使用研究所要求的学习技能——联想和记忆，它们应该凭借了独有的习惯来认路（☞ L：Laboratoire—实验室）。它们使用自己的身体、感觉、皮肤、肌肉、触须、嗅觉，以及天晓得的其他能力。于是，以一种近乎刻板的条理，研究人员将它们一一剥夺。行为主义之父约翰·华生摘除老鼠的眼睛、嗅球，以及对于老鼠的触觉来说至关重要的触须，然后再把它们投入迷宫。老鼠再也不愿在迷宫中奔跑或获取食物奖赏，他索性就让它饿着——又是一个剥夺实验："那一刻，它开始跑迷宫，并最终成为再平常不过的自动机。"然而我们不禁要问，在这个故事里，究竟谁才是"自动机"？

这类例行公事并不为实验室所独有，田野研究也无法幸免，而且至今也无法幸免。日本灵长类学家杉山在印度观察叶猴，他将一个群体中的唯一雄性——他说那是该群体的统治者，保护并领导着它的雌性后宫——转移到了另一个两性数量相对平衡的群体。这引发了一场灾难。杉山发现猴群中发生了杀幼事件（☞ N：Nécessité—需求）。需要指出的是，这种做法是某些灵长类学家的惯用操作，尤其是那些执迷于等级关系的学者。我还记得汉斯·库默尔（Hans Kummer）[①] 的实验。他把一种一夫多妻制狒狒的雌性个体引入另一种狒狒以多雄性、多雌性模式组织的群体中，然后看这些雌性狒狒将如何适应。

还有一些实验，尤其是在灵长类学家雷·卡彭特（Ray Carpenter）主持下的那些，将动物群体中占据统治地位的雄性一律捉走，以观察其失踪带来的影响。结果，社会组织瓦解，冲突

---

① 1930—2013，瑞士动物学家。

越来越多且更加暴力，群体的部分领地被其他群体强占。但是，值得注意的是，所有这些实验中，似乎在任何时候都没人考虑实验操作本身引发的压力可能是根本原因。

移走占据统治地位的猴子而不是其他猴子并非毫无考量。自然，这完全符合等级模型在此类研究中的热度（☞ H：Hiérarchies—等级）。但是，在哲学家唐娜·哈拉维看来，这同样表现出对政治体（corps politique）的一种从生理学角度出发的功能主义观念。猴子的社会群体像机体一样运行（而机体如政治体一样运行）：去掉它的头，就消灭了确保法律和秩序的部分。

但是，研究人员为什么要对他们研究的动物进行这种类型的实验呢？答案很简单：看看这么做会导致什么后果，就像没有教养的青春期少年。或者，用稍微复杂点的话来说：因为可以通过后果推断原因。然而，他们永远无法知道"原因"，除非是否认干预行为的后果。哈洛、卡彭特、杉山、华生和其他许多学者如果能有一刻想到，在"导致"动物痛苦、绝望或迷茫的原因里，须把贯穿整个实验设置的恶意的后果考虑进去，那么他们的研究将一无所获。他们的理论归根结底只系于一件事，即：系统且盲目地胡作非为。

关于本章

本章中的部分分析是我已在另一篇文章中发表过：Vinciane DESPRET, «Ce qui touche les primates», *Terrain*, 49, 2007, p.89—106。不过那篇文章偏重于另一个主题：对社交除虱（l'épouillage sociale）理论的批评。

芭芭拉·斯摩丝的文字摘自她对黛博拉·布卢姆出版于 2003 年的著作的评论：Barbara SMUTS, «"Love at Goon Park": The Science of Love», *New York Times*, 2 février 2003。Deborah BLUM, *Love at Goon Park. Harry Harlow and the Science of Affection*, John Wiley, Chichester, 2003。

哈洛的引文摘自：Harry HARLOW et Stephen SUOMI, «Induced Depression in Monkey», *Behavioral Biology*, 12, 1974, p. 273—296。

约翰·华生的实验早已发表：John WATSON, «Kinaesthetic and Organic Sensations: Their Role in the Reaction in the White Rat in the Maze », *Psychological Review: Psychological Monographs*, 8, 1907, p. 2—3；英国历史学家乔纳森·伯特（Jonathan Burt）曾在《老鼠》（*Rat*, Reaktion Books, Londres, 2006）这本精彩的小书中引用了该实验。

唐娜·哈拉维对卡彭特实验进行过分析，请参见：Donna HARAWAY, *Primate Visions*, op. cit。

T：Travail—工作
为什么说奶牛什么事都不做呢？

　　动物工作吗？专门研究养殖业的社会学家约瑟琳·波切把这一问题当作自己的研究主题。她首先向养殖者提问：他们是否认为动物与他们合作、一起工作？

　　要接受这一主张有点难，不管是对我们还是对大部分养殖者而言。

　　他们众口一词：不，工作的是人，不是牲畜。诚然，可以认为辅助犬、驮马或驮牛，还有某些与专业人士合作的幸运儿，如警犬、搜救犬、排雷鼠、信鸽，以及另几种合作动物能工作，但是对于养殖动物而言，要接受这一点比较难。然而，在研究开始之前的那些调查中，约瑟琳听到了许多故事和趣闻，让她认为牲畜们积极配合着养殖者的工作，它们有意识地做了些事，发起了某些尝试。她于是想到牲畜的劳动可能是无形的，且难以想象，叫人听而不闻，视而不见。

如果一个主张接受起来有困难，那就常常意味着对于它所激发的问题的回答会带来某些改变。这就是波切的思路：如果人们接受这一主张，那就应该能改变一些事情。因为从她社会学家的实践角度看，提出这个问题并非"为了求知"，这是一个实用的抓手，一个答案会产生影响的问题（☞ V：Versions—译为母语）。她指出，很少有社会学家和人类学家能想象动物也工作。人类学家理查德·塔珀（Richard Tapper）可能是少数提出这一观点的学者之一。他认为人类和动物之间关系的演变史类似于人类之间生产关系的演变。在狩猎社会中，人与动物是共同体的关系，因为动物与人类同在一个世界。最初的驯养接近某些形式的奴役。畜牧经济则与封建式契约相关。而到了工业社会，人与动物的关系则复制了资本主义下的生产与人际模式。

对于这个难得的假设，约瑟琳并不接受。该假设的贡献在于把动物工作的想法引入了思考，但与此同时它也将人与动物的关系全部局限在了剥削框架中。约瑟琳写道，这样一来，"便无法构思出不一样的将来"。

人类学家塔珀的重新建构提出的是我们继承了什么的问题。继承并不是一个消极的动词，它是一项任务，一种务实之举。遗产总是在回望中形成、变化。它使我们能够在单纯延续之外有其他作为——或否；它要求我们能够回应继承的东西，并就此作出回应、解释，为此负责。实现遗产继承同样意味着在继承中自我实现。在英语中，remember（记忆）这个词可以说明继承这一并非只是记忆的工作："记忆"，"重构"（re-member）。书写历史

（faire histoire）就是重建和虚构，从而为过去提供现下与未来的其他可能性。

一部能让我们思考养殖者与动物之间关系的历史能改变什么？它首先会改变与动物的关系和与养殖者的关系。约瑟琳写道："思考工作的问题，逼使我们跳出把动物视作缺乏自觉、必须解放的受害者、自然和文化白痴的窠臼。"很明显的影射。她针对的是解放主义者，那些据她说要"解放动物界"的人，实则他们的潜台词是"打发掉动物界"。这一批评标志着约瑟琳在研究中采取的特殊态度：始终将人与动物、养殖者及其牲畜放在一起思考。不再将动物视为受害者，就是要考虑一种不同于剥削关系的其他关系。按照同一思路，在这种关系中，由于动物不再被视为自然或文化白痴，所以能够积极地参与、给予、交换和接受，而且因为不是剥削关系，所以养殖者同样给予、接受、交换，他们养大动物，和动物一起成长。

这就是"动物是否工作，是否积极配合养殖者工作"这一问题在实用层面上的重要性所在。由于缺乏相关的历史书写，所以这个问题就指向了当下。因此，向养殖者提出这一问题并非求知之举——"养殖者如何看待此事？"——而是约瑟琳邀请他们加入的一项真正的实验。她之所以邀请他们思考，而且是积极思考，那不是为了采集信息或观点，而是与他们一起探索答案，激发犹豫，尝试经验——在纯粹实验的意义上：这样思考的话会怎样？再者，如果我们认为动物工作，那么"工作"一词现在又意味着什么？如何使不可见和不可想象的东西变成可见、可言说呢？

我已经说了，要接受动物工作的主张并不容易。更糟糕的是，约瑟琳发现，其被接受的唯一场合恰恰只有剥削。换言之，动物的工作不可见，**除了在人与动物遭受严重虐待的场合**。

因为会出现动物工作问题的地方，其现实显露的地方，是一些最差的养殖场所，把养殖视为生产的场所，也就是工业化养殖场。约瑟琳·波切如此解释这一表面的悖论：工业化养殖场是动物被极度远离且剥夺了自身世界的地方，以至于"它们的行为显得明显从属于一种劳动关系"。人和动物都被卷入一个"不惜一切代价生产"和竞争的系统，这一系统鼓励人们把动物视为劳动者：它必须"干好它的活"，被认为在破坏工作时会遭到惩罚（例如母猪压伤猪仔的时候）。约瑟琳·波切指出，这些系统中的工人，特别是集约化养猪场的工人，他们把自己的工作视为一种人事管理工作——他们很少这样措辞，但其隐藏的内涵经常被提及。必须选拔多产的母猪、淘汰没有产出的母猪，检验动物确保预期产能的能力。约瑟琳写道，把自己视为某种"畜力资源主管"，"反映出管理思维的普及以及这种思维在动物生产领域日渐上升的地位"（☞ K：Kilos—千克）。动物因而类似于一种形象模糊、极其温顺、任人剥削和毁伤的"亚无产阶级"。尽可能减少高成本且容易出错的生物劳动力是工业化的典型趋势，它尤其体现在机器人的使用上：使用清洁机器人代替人类，使用"种公猪"机器人代替公猪来探测发情的母猪。

相反，在善待动物的养殖场中，似乎反倒更难让人意识到动物工作的可能性。当然，在约瑟琳的调查中，不懈强调之下，某些养殖者会松口说，"从这个角度看"确乎也可以认为动物工作。这需要时间，需要认真地对待同音异义，需要赋予"趣闻"一词多种含义；这是一个实验。同时，它也表明动物工作的问题远非不言而喻。于是，约瑟琳决定深究这一无人能想象动物工作问题的现实，关注如何能让它们的工作得到感知。她变更了实验设置，向奶牛提问。

动物行为学告诉我们，某些问题只有在我们营造出具体条件的情况下才能得到回答，这些条件应能让问题不仅得以提出，还应能让提问者对答案保持敏感，能在答案有机会显现时捕捉到它。约瑟琳与她的一名学生一起，对一群栏中的奶牛进行了长时间观察，并录了像，把估计它们采取主动、遵守规则、与养殖者合作、预判其行动以便其完成工作的所有时刻都记录了下来。她也同样关注奶牛为保持和平气氛而发明的策略，它们的礼节，社交舔舐，以及让一个同类待在自己前面的做法。

结果约瑟琳发现，动物工作不可见的原因正在于此；反而只有当奶牛抗拒、拒绝合作时它的工作才容易被察觉。因为这种抗拒恰恰表明，一切都能按部就班正是由于奶牛的积极投注（investissement）。因为当一切顺利的时候，人们就看不到奶牛的工作。当奶牛平和地走向挤奶台，当它们不争不抢、依序通行，当挤奶机完成操作它们离开，当它们让到边上以便养殖者清洁牛栏——如果它们按照命令去做的话，当它们做了该做的、让所有这一切都有条不紊，人们并不认为那是奶牛按人类期待行事的意愿的体现。一切看起来都像是运行良好的样子，或者单纯只是**机械**（可谓名副其实）服从，一切都在机械地运转。只有在打乱秩序的冲突中，例如在走上挤奶台的时候，或者当它们站在原地阻碍清洁牛栏，当它们走到了指定地点以外的地方，当它们逃避，或仅仅是拖拖拉拉，总而言之，当它们抗拒时，人们才会以另一种方式看待，或者更确切地说转译那些一切顺利的状况。一切之所以顺利是因为奶牛做了一切能让一切保持顺利的事。没有冲突的时刻因而也就丝毫谈不上本来天然、不言而喻，或者机械自动。事实上奶牛为了这些时刻做了大量调节工作，它们做出妥协，互相舔舐，彼此以礼相待。

社会学家热罗姆·米沙隆（Jérôme Michalon）的研究得出了相近的结论，尽管两者间的差异同样明显。米沙隆研究了在残障人类治疗中充当治疗助手的动物，犬和马等。这些动物看似消极，"任人处置"，但一旦和它们进展不顺，它们"产生反应"，人们才会意识到它们的合作基于非凡的自控力，积极的克制，一种不易觉察的"忍耐"的决心，因为这些努力恰恰给人"必然"的印象。

在约瑟琳的观察中，一切像是自然而然的东西现在都成了动物与养殖者合作的明证，这是一项"无形的工作"。在注意到奶牛抗拒养殖者、绕开或违反规则、拖延或反期待而行的多种方式后，约瑟琳和她的学生发现，奶牛明确知道它们应做什么，并且积极投注到工作中。换言之，"不乐意"反衬出了意愿，反衬出了"乐意"。合作在顽抗中变得可察，所谓的错误或假装的隔阂中显现出实践的智慧，一种集体智慧。当一切运行良好时，工作被隐形了（invisibilisé）；或者说，当一切运行良好时，一切运行良好所牵扯的条件被隐形了。奶牛出于自身的原因耍滑头，装傻，拒绝强加于它们的节奏，测试底线，倒从反面说明它们参与了工作，而且意向明确。这让我想起哲学家兼驯犬师、驯马师维姬·赫恩的一段评论，她当时讨论的问题是为什么狗把棍子叼回来时总是不到位，离人们等候它的地方差着几米。她说，这是狗儿向人类表明其让渡权力底线尺度的一种方式。一种几乎数学化的尺度,它提醒人们"一切并不必然"。

揭示奶牛对于共同劳动的这种积极投注会给它们带来何种改变?认为养殖者和奶牛共享工作条件——我们或许可以像唐娜·哈拉维那样将这一观点扩展至实验室动物——改变了我们通常开启和关闭这一问题的方式。这要求我们把正在共同经历这一经验的动物和人联系起来看待,人与动物在这一经验中共同建构身份。这要求我们思考人与动物彼此回应的方式,他们在这一关系里担责的方式——在此,"担责"指的并非是"担"原因的"责",而是指他们在后果上相互回应,他们的回应对后果产生影响。动物不合作,工作就不可能。因此没有"产生反应"的动物,只有在人们看不到机械运转以外的东西时,才会认为它们"产生反应"。这一改变使得动物不能再被视作受害者,因为受害者身份意味着被动性以及其他所有后果,特别是受害者身份很少引发好奇。显然,比起被当成受害者,约瑟琳·波切的奶牛引发的好奇心要多得多,因为它们更有生气,更加丰满,能够激发出更多的问题。它们让我们感兴趣,并会让它们的养殖者感兴趣。一头故意违抗的奶牛引发的关系与一头因愚蠢、一窍不通而脱离常规的奶牛完全不同;工作的奶牛引发的关系也与养殖者权力的受害者完全不同。

约瑟琳·波切的研究或许证实奶牛在工作中主动合作,但这便可以说它们工作吗?她问道,是否可以说奶牛"主观上对工作感兴趣"?工作是否增进了它们的敏感性、智力和体验生活的能力?这个问题的前提是区分两种情况,一种是仅靠强制约束而令动物工作可见的情况,一种是动物"贡献自己力量"并使工作不可见的情况。为了构建这种差异,并阐明动物和人类共同协作之养殖情况的特征,约瑟琳·波切采用了克里斯多夫·德茹尔 (Christophe Dejours)的理论,并以一种独特方式对它们进行了拓展。

德茹尔提出,人类的工作之所以能成为快乐的载体并参与我们的身份建构,那是因为它是认可之源。这种认可,德茹尔认为其来自两种类型的判断:对工作"有用"的判断,由工作的受益者,即客户和用户做出;对优秀工作的"优美"判断,这属于同行的认可。波切提出,在这两种判断以外,还可增加第三类判断,即"关系"的判断。这是劳动者感知到的由动物做出的一种判断,是动物自己对工作的判断。它针对的不是工作质量或产出的结果,而是工作方式。这种判断处于动物与养殖者关系的核心,是二者相互做出的判断。通过这种判断,养殖者与动物互相认可。人与动物都苦不堪言的养殖场中那种打击、破坏身份认同的工作,与另一些场所人与动物相互分享、共同成就的情况之间的反差正体现于此。"关系"的判断,或对共同生活条件的判断,区分了两种不同的工作,即造成异化的工作和成就性的工作,哪怕是在养殖者和动物的处境完全不对等的情况下。

尚须书写历史,再建一部能够赋予当下以意义、为其提供一个稍稍更可持续的未来的历史。这不是某个消逝的黄金时代田园诗般的历史,而是让人期待诸多可能的历史,让人能够想象难以预见、出人意料之事的历史,让人想为其添上续章的历史。约瑟琳·波切为此开了个好头。在她那本书的结尾,她讲述了自己从前在山羊养殖场工作的回忆:"工作是我们始料未及的相遇发生的地方,是我们的交流可能出现的场域,哪怕我们属于不同的物种,据说在新石器时代之前,甚至在尼安德特人之前,相互间都无话可说，也无从共事。"一切皆言亦未有定言。

关于本章

对理查德·塔珀的批评以及相关引文均来自以下著作：Jocelyne PORCHER, *Vivre avec les animaux*, op. cit.。

另请参见：Jocelyne PORCHER et Tiphaine SCHMITT, «Les vaches collaborent-elles au travail? Une question de sociologie», *La Revue du Mauss*, 35, premier semestre 2010, p. 235—261。对工业系统的批评以及对奶牛的观察来自该文。还可以参看：Jocelyne PORCHER, *Éleveurs et animaux: réinventer le lien*, PUF, Paris, 2002; Jocelyne PORCHER et Christine TRIBONDEAU, *Une vie de cochon*, Les Empêcheurs de penser en rond/La Découverte, Paris, 2008。

另外，我还参考了2011年9月在圣艾蒂安让·莫奈大学通过的一篇社会学和政治人类学博士学位论文：Jérôme MICHALON, «L'Animal thérapeute. Socio-anthropologie de l'émergence du soin par le contact animalier»。导师伊莎贝拉·莫兹（Isabelle Mauz）。

将实验室动物视为工作者的观点源自：Donna HARAWAY, *When Species Meet*, op. cit.。

U：Umwelt—周围世界
动物可有处世之道？

　　美国哲学家威廉·詹姆士曾套用黑格尔的话写道："知识的目的是消除客观世界的陌生感，并让我们更有家的感觉。"我们或许可以倒转其中两个词来介绍**周围世界**理论：周围世界理论的目的是消除客观世界的**熟悉感**，并让我们更**无家**的感觉。在下文中，我还会修正这一说法，但暂时先这样，因为它的好处是为周围世界理论提供了一个实用抓手。它鼓励我们回应唐娜·哈拉维那非常实际的号召：我们必须学会把动物当作陌生人看待，以摆脱以前形成的关于它们的所有愚蠢假设。

　　周围世界理论是由生于 1864 年的爱沙尼亚博物学家雅各布·冯·乌克斯库尔提出的。德语 Umwelt 一词本意为环境或生境，在乌克斯库尔的研究里则成为一个术语，指动物"具体或经历"的环境。

这一理论的出发点表面上看很简单:感觉器官与我们不同的动物感知到的世界和我们的不一样。蜜蜂的色觉与我们不同;蝴蝶能够感受到的香味我们却无法感受;同样,我们也无法像栖息在植物茎枝上等待目标的蜱虫那样感知哺乳动物皮脂囊中释放出来的丁酸。而最能体现该理论独特性的地方,是其对感知的定义:感知是一种令世界充满感知对象的活动。对于冯·乌克斯库尔来说,感知就是赋予意义。只有具有意义的事物才能被感知,而只有可被感知的、令生物体在意的事物才能获得意义。任何动物的世界里都不存在与其生命无关的中立对象。对于生物体而言凡是存在的都是能够施加影响(affecter)的信号(signe),或者说是有意义(signification)的影响(affect)。每个被感知的对象——我在此使用德勒兹为该理论提供的说法——"实施被影响的能力"。可以理解为何冯·乌克斯库尔认为"具体环境"和"经历环境"两者等价,这两个用语都指向"猎获"(prise),至于"猎获"的方向则不确定。一方面,环境"猎获"动物,对其施加影响;另一方面,环境只因成为动物的"猎获"对象、只因动物赋予该环境对其影响能力的方式而存在。

为什么劳伦兹的寒鸦乔克对片刻前还紧追不放的蚱蜢突然就不再感兴趣了呢?因为蚱蜢一动不动了;这种情况下,这只蚱蜢不再有意义,不再存在于寒鸦的感知世界里。只有在跳跃时,蚱蜢才存在——施加影响。一动不动的蚱蜢不具有"蚱蜢"的意义。冯·乌克斯库尔解释说,这就是大量昆虫热衷于在掠食者面前装死的原因。参考他的说法,一如蛛网是"为苍蝇"而设,是"苍蝇的"网,我们也可以说,蚱蜢成了"为寒鸦"的蚱蜢,其构成中融入了其掠食者的某些特征。对于冯·乌克斯库尔来说，由于被感知世界中的每个事件都是一个"有意义"的事件，并且仅因其有意义才被感知，因此感知使动物成为意义的"出借人"，也就是一个**主体**。说白了，所有意义感知都牵涉到一个**主体**，同样，所有**主体**都可定义为赋予意义之事物。

我之所以对周围世界理论感兴趣，主要有两个原因：在我看来，它可以使动物变得不那么愚蠢，并让科学家变得更加有趣。继唐娜·哈拉维之后，我也期望这一理论能推动我们将动物视为陌生人，即行为难以理解的"某个人"，不仅要避免仓促做出判断，还能更讲策略，更具好奇心："这个陌生人"究竟活在怎样的世界里才会如此处世？他受什么影响？这一情况下进行研究有哪些方面要特别注意？

我必须承认我失望了。估计这与以下事实不无关系：周围世界理论带来的改变主要集中于那些相对简单、定义它们的影响数量有限、对我们来说可谓陌生得最熟悉的动物。周围世界理论要求研究人员识别触发影响的信号，这导致他们专注于动物的本能行为，也即最容易预测的行为。除了少数例外——在此向例外的作者们致歉，我就不一一细数各位的大名了——该理论的影响完全背离了我的期望。看来是我期望过高；在这类研究中，动物表现得只会遵循那些必然的例行机制。

在实验层面，对于陌生处世方式的礼遇很快就触及了极限。这应该不是理论的过错，而应归咎于理论显然也无法改变的实验旧习。

体现在以下这一相对较新之研究中的悖论可以为证。该研究采取了一个很有意思的视角，即关注猴子感知与受环境影响的方式，研究人员在猴园的不同地方对它们进行认知测试。研究人员说，他们此前注意到这些圈养的猴子——本例中是卷尾猴——很快就规划好了空间，对社交空间和睡眠、饮食空间作了区分。研究人员的假设是对于某些认知任务而言，不同空间可能有"促进"或"滞碍"的作用。想法不错，目的是质疑那些过于草率的一般化操作。它要求循序渐进。如果没有充分地考虑到语境，没有考虑到动物是在实验中执行指令，那么任何对动物能力的研究都谈不上给我们带来教益。既然哪怕只在一个猴园的范围内，一般化都不是如此轻而易举的工作，那么可以想见，在实验场景变化的情况下，研究人员应该多么谨慎，而要对同一个动物群体下一般化的结论则更应如此，更不要说把再把结论推广至人类了。回到实验本身。研究所遵循的假设看来直击要害——总之在研究人员看来是这样：对于同一项使用工具的任务（用长棍从锁在箱子里的管子中取出糖浆），卷尾猴在它们通常操纵工具的空间中完成得更好，在观察周边环境并进行社交互动的空间中则成绩不佳。但这一结果在我看来是可以预见的——期待的谨慎终究没有出现，而且应该用工具在有关场景中的意义提供便利以外的原因来解释——比如，在社交空间中，猴子的注意力更加分散。实验结果最终并未达到促使人们放慢一般化操作的目的，因为"语境感知"这个问题无疑太笼统了，以至于把卷尾猴变成了与它们不甚相关的这一幕的群演。如果关系到它们的经历环境，恐怕它们的答卷就不像研究人员预计的那样令人满意了。

研究的组织方式更能证明这一点。研究始于预备阶段的一项在该领域堪称经典的操作，而令人惊讶的是，研究人员对此竟未做丝毫讨论：他们对猴子进行所谓的"单瓶牛奶"测试，以确定它们的等级高低——借口这一变量会对后续测试造成影响。必须分辨出哪只猴子是"支配者"，哪只猴子是"下级"，因为这可能会影响实验结果（☞ H：Hiérarchies—等级）。猴子们于是贯彻了研究人员的意图，就像他们所希望的那样为了这瓶牛奶竞争起来。很快，这场竞争便分出了等级。经历环境、变量和等级形成了一种奇怪的混合体。最重要的是，这个故事里有一个盲点：猴子们如何体认在等级测试之后对它们提出的那些要求？既然是被迫参加的，那么它们如何看待这一切，又如何了解它们的看法呢？因为要说周围世界理论一针见血地揭示了什么问题的话，那就是了解动物在意之事的问题。显然，此处并未涉及这个问题。

但是，如果借鉴约瑟琳·波切的说法——她写道，"养殖的特性，就是让两个世界以最智慧的方式共存"——那么这一理论或许能迎来更幸运的时光。若要周围世界理论兑现承诺，无疑要把它调离习惯的领域。同样，该理论之所以能兑现承诺，无疑也与这种明智地令其远离臣服于"搞科学"之口令、唯本能马首是瞻的科学家的"调离"不无关系。约瑟琳·波切的说法要求我们把驯养或养殖之情境当成互相捕捉的地带来考察，新的周围世界在这些地带形成并交叠。也正是这些地带让人们感受到不同世界之间的渗透和不同世界中生物的灵活性。智慧地让两个世界共存，这不仅意味着思考和维护这种共存所需要的东西，还包括对共存发明和改造出的东西感兴趣。

因此，从这个角度来说，德勒兹是对的，他坚称动物既不在我们的世界也不在另一个世界，而是**和一个关联世界在一起**。周围世界——分属与不同世界关联、发明出共存模式的生物——共存的理念，令我们面对一个流动、可变、边界不定且易渗透的世界。接受这种可能性，那么驯养就可以定义为某一个体对另一个体固有世界造成的转变，或者更准确地说，某一"有其世界的存在"（être-avec-un monde）对另一"有其世界的存在"的转变。奶牛不仅不再是野生动物，而且现在还与牛栏、干草、挤奶的手、周日、人类气味、抚摸、语言和尖叫、围栏、道路和车辙的世界关联在一起，一个改变了影响和成就它们的事物的世界。头牛——养殖者可以确信牛群会随其移动的牛——头牛的存在或反映了共存中最为枢纽的一环：头牛处于其同伴和养殖者形成的信任网络的中心，是为枢纽。存在头牛的牛群里，奶牛们信任头牛对于养殖者表现出的信任。头牛跟着养殖者走，整个牛群就会跟上。可以用相同的模式探究每一个驯养领域。狗会跟随"有其世界的存在"在意目光并受目光影响的目光，它们会和不停说话的"有其世界的存在"一起吠叫。同样，对于吉卜林所说的"独来独往的"猫，波切所说的对欲望极为敏感的猪，甚或作为"有其"以身体驮载且关注身体的"世界的存在"、并和与它们结为一体的"有其世界的存在"装配紧密的马，也可以用同样方式来研究。

思考这些在驯养的历险中相互改变的"有其关联世界的存在"又把我们带回威廉·詹姆士的理论。因为，既然每个存在都有其关联世界，那么养殖者及其动物世界的周围世界就成了关联世界的联合，"有其关联世界的存在"联合起来的一个组合。这就是詹姆士所说的"多元的宇宙"（pluriverse）：一些共存的世界，它们形成、试验、发明、采取的共存时而像一个组合，时而像是单纯的共在。

这意味着我对詹姆士观点所做的倒转处理只有在对每个词采

取明显不同的理解的情况下才成立，而这恰恰让我们又回到詹姆士的原意上。我改的是"周围世界理论的目的是消除客观世界的熟悉感，并让我们更无家的感觉"："让我们更无家的感觉"有了新的含义，透露出构建一个"我们"和一个"家"的任务，"组合"在一起的众生的"家"。而且，既然我必须认真考虑生命个体既不在一个世界也不在另一个世界，而是**和一个世界在一起**，这便意味着"客观世界"一词也必须加以澄清，或者更确切地说，重新定义。因为在我们惯用的思维框架中，这个"客观世界"会让人觉得存在一个客观世界**本身**，独立、统一，在多样的表面之下早就存在。但现在这个世界并非是这个意义上的客观，而是多元的。它也不是主观的——该理论在今天会引发这种诱惑——因为多重主观性的想法本身包含着一个前提，那就是在这些主观性之下又存在着一个世界，它们基于这个世界而存在，而这个世界也为它们提供稳定支撑。这个多元世界的关键不是一个物种了解另一物种看待世界的方式——这正是"主观主义"所主张的——而是发现另一物种表达的是何种世界、是何种世界的视角。考虑到这些因素，我不得不回到詹姆士的原始观点：获取知识，确实就是要消除构成客观世界的不同世界的陌生感，做法是处好这些世界，并把这些世界打造成一个"我们的家"。

而之所以称为客观世界，那是因为这个世界一直处于客观化的过程中。每一次经历因为被经历而具体，每一分具体也因为具体而被经历。客观世界永远处于多元客观化的过程中，其中有些很稳定，因为总是按部就班地重现——就像习性可测的蜱虫的世界，而另一些则始终处于实验中，改变着影响以及被影响的方式，比如那些部分相连的周围世界，它们的共存彻底改变了作为它们的表达的生命存在。当不同世界紧密关联，而且是"智慧地关联"，养殖者和动物快乐地在一起，这就是詹姆士所说的成功。另一些世界则注定消失，导致"一整面的现实"陷入本体论上的遗忘。埃里克·舍维雅尔（Éric Chevillard）在一部描述猩猩消失对这个世界的后果的小说中写道："猩猩的视角，对这个世界的发明绝非毫无意义的视角，让这个土与水的星球带着饱满的果实、白蚁、大象悬在空中的视角，让我们感知到如此众多的鸣禽和暴雨开始打在叶片上的天籁的独特视角，您能想象吗［……］，这个视角不存在了。世界骤然萎缩了［……］。一整面的现实倒下了，我们的哲学从此失去了一种综合、完整的对现象的认识。"

关于本章

威廉·詹姆士对黑格尔的引用出自：William JAMES, *Philosophie de l'expérience. Un univers pluraliste*, Les Empêcheurs de penser en rond, Paris, 2007。

雅各布·冯·乌克斯库尔的理论请参见其著作的法译本：Jakob VON UEXKÜLL, *Mondes animaux et monde humain. Suivi de La Théorie de la Signification*, Denoël, Paris, 1965。

吉尔·德勒兹的文字引自：Gilles DELEUZE et Claire PARNET, *Dialogues*, Flammarion, coll. «Champs», Paris, 1996。

约瑟琳·波切把养殖世界视为一个不同周围世界共存的世界的观点见于：Jocelyne PORCHER, *Vivre avec les animaux*, op. cit.。

我认为世界的客观性并非来自不同视角取得的一致，而是基于生命存在所表达（而非阐释）的世界的多重性的观点是受了爱德华多·维维罗斯·德·卡斯特罗对印第安人视角主义所做描述的启发。我无意把冯·乌克斯库尔打造成印第安人；我只是觉得比起一元自然主义（mononaturalisme），视角主义能提供一种实用的解决方案，把那些我感觉超出一元自然主义解释能力的情况说清楚，因为我既不能使用令冯·乌克斯库尔提出不同世界共存的生机论资源，也不能采用围绕一个统一的世界爆发出各种不同主观性的取巧方案——这是对这些世界之存在的不尊重。"客观化过程中的世界"的观点反映出在我探索的这些领域里，布鲁诺·拉图尔的研究，特别是他那一大本精彩的《存在模式调查》（*Enquête sur les modes d'existence*，La Découverte，2012），对我和威廉·詹姆士一起的生成-哲学家的支持方式。

　　想象猩猩消失的文字引自一本小说：Éric CHEVILLARD，*Sans l'orang-outan*，Minuit，Paris，2007。

V：Versions—译为母语
黑猩猩的死和我们一样吗？

> 每个词都有很多习惯和力量；每一次都要精心安排，全部用上。

弗朗西斯·蓬热（Francis Ponge）[1]

2009 年 11 月，美国《国家地理》（*National Geographic*）杂志上的一篇文章，配着一张照片，在互联网上流传开来，并激发了很多争论。文章里说，在喀麦隆的一家救助站，面对救助人员向它们展示的一只刚刚去世且深受爱戴的老年雌性遗体，黑猩猩

---

[1] 1899—1988，法国诗人，评论家。

们的表现很不寻常：它们久久地沉默，一动不动，对于这种如此喧闹的生物来说，这简直令人惊讶、难以置信。这种反应被解读为面对死亡的悲伤。黑猩猩会哀悼？争论自然激烈起来。出现了很多版本的解释。有的说"这不是哀悼，只有人类才有这种情感，它意味着'死亡意识'"。尸体会令人感动或恐惧，然而没有证据表明这种恐惧反映出其他黑猩猩清楚意识到这只雌性黑猩猩已不在世。反方则有人举大象的例子，那些大象陪在死去的同伴身旁，把一些花草摆在尸体上，看上去完全就像个仪式。争论的另一些参与者则提出一个在此类问题中常见的批评（☞ A：Artistes—艺术家）：黑猩猩并非自主学会这种行为的，那是因为救助站的负责人坚持向它们展示尸体，而且按照他们的解释，以便黑猩猩们"明白它去世了"。因此，这种行为并不是真正的哀悼，而是对引导者的一种反应。

但对此可以回答说——正如我参与这场争论时所说的——"引导"恰恰是一个应该让我们踌躇的用词。事实上，该种做法激起了悲伤，但并不能决定一定会有悲伤。黑猩猩的悲伤可被"引导"，一如我们在必须弄懂死亡意味着什么的时候，我们面对死亡的悲伤由彼时我们周围的人引导而来。这提醒我们不要忘记引导（solliciter）与关心（sollicitude）之间的联系。而且，如果扩展一下威廉·詹姆士的情感理论，我们可以考虑，面对死亡的悲伤之所以能存在，条件是与之对应的安慰和关心的存在。因此，黑猩猩救助站的救助人员对黑猩猩的悲伤确实"负有责任"，这是从他们负责把黑猩猩受影响的方式导向一种他们所能**回应**的模式的意义上说。责任不是原因，而是一种让黑猩猩做出回应的方式。

　　弄清这是否"真正的"哀悼并没有什么意义，何况这类问题也委实争不出个结果来。反之，按照威廉·詹姆士的实用主义，此时倒适合提出一个更重要的问题：如此看待这一现象对我们有何约束？

　　这两个问题——"这真的是？"和"对我们有何约束？"——对应了两种不同的翻译格：译为外语和译为母语。想要知道这是否"真正的哀悼"，是否"完全意味着相同的事情"，相当于"译为外语"（thème）：这种翻译的首要标准是忠实，与原文的一致性。这是我们理解的那种意义上的"真正的"哀悼吗？我所定义的"译为外语"重在异音同义，而不是同音异义："人类的哀悼"和"黑猩猩的哀悼"这两种表述必须指代完全一样的事情，必须能够相互替代。它让我们轻松游走于两个世界，条件是直来直去，不做扭曲。与此相反，基于"对我们有何约束？"这一问题的翻译则属于另一种翻译格——"译为母语"（version）。对这个问题的回答本身不是母语翻译，它是这一翻译的载体，甚至可以说是创造者。

　　"译为母语"指的是用自己的语言来转化另一种语言，而凡为翻译，便有选择。只是与"译为外语"不同，"译为母语"的选择基于"同音异义"所涵盖的含义的多样性：同一语词可以打开多种意指（signification），指向不同的语义。借用哲学家芭芭拉·卡森提出的用希腊语加工法语的方式，可以这样说：在翻译中，源语言的每个语词和每个句法操作不仅会获得多种含义，而且翻译成目标语后，所用的目标语语词和句法操作同样也包含着多种含义。"译为母语"培育这些分歧和不同——以可控的方式。但正如人们所说，行走也是一种可控的跌倒的方式。

这样，对于"人类的哀悼"与"黑猩猩的哀悼"是否准确重合这个"译为外语"的问题，"译为母语"代之以另一操作，一项双重操作。能够解释人类哀悼的多样含义、"同音异义"有哪些？这个问题同样可以用于黑猩猩：对于它们，哀悼有哪些含义？在此不存在逐字对应的翻译，而是两个彼此影响的多义世界中的两重类比运动。对此，爱德华多·维维罗斯·德·卡斯特罗使用"模棱两可"（équivocation）一词。他说，翻译就是要假定总是存在模棱两可的情况，翻译就是通过差异进行交流，自身语言中的差异——同一语词可能对应诸多不同的事物，他者语言中的差异，以及翻译操作过程中的差异——因为两种语言的"模棱两可性"并不重叠。因此，维维罗斯·德·卡斯特罗才会说"比较服务于翻译"，而不是颠倒过来。翻译并非为了比较，比较则是为了完成翻译。比较那些差异、歧义、同音异义。模棱两可是"译为母语"诸多版本的表现。

"译为外语"显示的是一种单一意义的主张，而且这一意义自身便可论定。与此相反，"译为母语"的翻译则要将众多差异关系连接起来。

我在准备撰写《像老鼠一样思考》（*Penser comme un rat*）一书时，曾向一些科学家介绍了动笔所依据的调查结果。这些科学家建议我先说明一下"思考"的含义，再将其应用于老鼠。按照他们的建议——我觉得那就是他们的目的——我要么就得为老鼠换用另一个语词，要么就得把我赋予"思考"一词的诸多意指限定在某一范围内，以使其指涉的两个对象，即老鼠的思考方式与人类的思考方式，能够完全重合。这两种解决方案都属于"译为外语"的翻译。我没听他们的。

　　我知道，造成这种困难的根本原因是"像……一样"这种表达法，因为它默认存在一种相似性以及固定的含义。实际上，在撰写过程中，我也想过把书名改成"与老鼠一起思考"。最终我没有那样做。回头去看，我认为我做了正确的选择。因为"像……一样"恰恰能引起某种不适。"与……一起"可以是一种解答，因为它暗示着一种毫无困难的共存。但是，困难能使我们"警醒"。"与……一起思考"固然意味着某些伦理和认识论方面的义务——这些义务对我来说很重要，却会让人无法觉察一个困难，即：就算是在最佳情况下，有关同音异义的工作——丰富同音异义以使它们部分吻合——也只能使含义部分重合。这项工作要求把翻译本身的操作、所做的选择、为进行类比而做的语义转移，以及为了实现终究生硬的衔接而做的权变暴露在光天化日之下。因此，"像……一样"这一表达表露的绝非某种需用具体实例坐实的既定的对等关系。它应该成为我们众多意指中的扳道员，部分且片面连接的创造者。这最终即等于"与老鼠一起思考"，这一表达指的不是"与老鼠一起"或"像老鼠一样"进行经验性思考，而是老鼠逼迫我们进行的思考，思考"如何'像……一样'思考"的问题。

　　"译为外语"画出一条逐字对应的直线；"译为母语"则绘出树状结构。"真的是'真正的'同样的哀悼吗?"这是"译为外语"的方法提出的问题。"这对我们有何约束?"则不是严格意义上"译为母语"的问题，但会往那个方向引导：我的语言或经验中有哪些多重意指资源，有哪些意指可以认为在黑猩猩的经验中也有意义? 它们的经验和我们的经验之间的区别对我们有何约束? 我们需要进行怎样的翻译工作才能连接二者?

维维罗斯·德·卡斯特罗写道:"好的翻译是一种为使源语言能够翻译成另一语言而允许其他概念歪曲和颠覆译者惯用工具的翻译。"翻译不是解释,更不是解释他者的世界,而是用他者的所思或所历来考验我们的所思或所历。这就是体验"如何思考'像老鼠一样思考'?"。

因此,对于为"翻译"黑猩猩的**哀悼**而提出的"我的语言或经验中有哪些多重意指资源"的问题,我便会,比如说,在如此考验之后,发现这些资源有问题。黑猩猩对我的语言和经验形成考验,因为"我们人类(看上去)都认同的"哀悼的定义不足以让我从我们的世界跨入它们的世界。这不是同样的哀悼。而恰恰是在这时候我们必须开启问题而不是关闭问题。必须承认这一类比失败不是黑猩猩的问题,而是我们自己"译为母语"的翻译有问题。

"这和我们哀悼的意思不一样"说的不是黑猩猩的意指有多贫乏,而是说的我们。哀悼在我自己的文化宇宙里成了一个需要"译为外语"的课题。一个"孤儿"或"孤立"译题,一个单义语词,一个过于贫乏以至于无法建立关联的译题,一个将我们人类的经验困于原地的译题。因此,如果要认真思考"认为黑猩猩也有它们的哀悼形式对我们有何约束?"这个问题,除非我们一上来就把黑猩猩排除在外,否则就必须从"译为母语"的角度对我们自己有关哀悼的认识进行检验。翻译工作由是成为创造和虚构的工作,以反抗"外译"的囚笼。

我们只能得出这个结论:哀悼是死者幽暗的未来。对活着的人同样如此。心理学家教给我们、同时经由哲学或公民道德课得到扩散的关于哀悼的理论是极具规范性与指令性的理论。这是一项"工作"，分阶段进行，人们必须学着面对现实，接受死者已逝的事实，逐步脱离与逝者的关联；接受他们归于虚无，并用其他心理投注对象替代它们。诚然，这是一种"转换"（conversion），但是一种排除任何其他"母语翻译"的转换。一种"译为外语"式的转换。

因此，我们必须承认，我们所理解的"哀悼"并不适用于黑猩猩。我们的"哀悼"将死者归于虚无，它迫使我们在"真实"关系与"想象"关系或"信仰"之间进行选择。它把现实局限于我们的文化传统所定义的现实。因此，黑猩猩必须清楚意识到，逝者死后，除了在存世者的脑海中，他们将"永远"不存在于"任何地方"，只有这样，我们才会承认它们具有哀悼意识。但是，黑猩猩没有任何理由配合这个假设，不是因为它们没有"不再存在""任何地方"和"永远"的概念（我们对此一无所知），而是因为没有任何"历史理由"促使它们这样去想。

如果这样假定的话，我们就可以开始考虑某些无声的、受压制的、私下流传的"译为母语"式的理解。那些以"想象"之名——那是它们得以被接受的条件——出现在小说、电影和电视连续剧中的版本。而且，如果继续探寻，我们还会意识到，对于去世和悲痛，许多人有着完全不同的理论，根本不认为死者对他们或我们已经一无所求。但是哪里都容不下这种版本。于是，这些人只得放弃，改而遵循官方和学者给出的解释，说白了不想让人认为自己怪异、迷信、头脑简单或神经不正常。或者不放弃，独自坚持，心里嘀咕自己是否怪异、头脑简单或神经不正常。又或者，发现有些通灵论者或通灵者的想法和他们差不多，而且很清楚这些人被认为迷信、怪异、头脑简单。

谁能想到黑猩猩"没有死亡意识"能让人从"译为外语"过渡到"译为母语",从"译为外语"的失败(对我们的论断不能用在它们身上)走向"译为母语"尝试(不妨对我们换一种论断?)。我不是说黑猩猩能提供一种可让我们摆脱困境的新的哀悼理论——人们赋予它们的模型角色已经让它们够受的了。那就不是翻译,而是占有了。黑猩猩建议我们重新激活被压制的"母语翻译"版本,迫使我们重新思考,将我们的"外语翻译"和"母语翻译"版本置于翻译的考验之中。黑猩猩救助站的救助人员担起了唤起一种他们可以抚慰的悲伤的责任,但我们看到的并非一个起源的故事——哀悼便是如此诞生的——而是另一种"译为母语"的可能性,它表明,人们对哀悼的回应方式赋予哀悼特殊的形式,激发了哀悼,但也把它限制在了回应的形式中:我们被局限在"译为外语"式的哀悼中,因为在我们的文化中,对死亡带来的悲伤的翻译只有在暗中才能采取一些违禁的模式。黑猩猩可以让我们在自身诸多可能的歧义之外获得更多歧义。

因此,"译为母语"式的翻译能带来更多定义与可能性,让更多的经验可以被感知,维持多义,总之,使把我们讲述为与他者相连、并受影响的敏感存在的方式更加多样。翻译不是阐释,而是体验模棱两可。

我提到,一方面,在"译为外语"模式中,我们须为保真而选词;另一方面,在"译为母语"模式中,我们须为该选择牵涉的可能后果负责(☞ N:Nécessité—需求;☞ T:Travail—工作)。这样,如果称某个动物占据统治地位,那么在"译为外语"的模式中就必须检验该动物在所有情况下的确"真"的占据统治地位者,或者确保这一用语的确符合学术文献所赋予它的含义

（☛ H：Hiérarchies——等级）。而在"译为母语"的模式中，问题就变成了如此称谓对我们有何约束：称其"占据统治地位"会促成某类故事，引起对此类而非彼类行为的特别关注，使人无法感知其与其他可能的"母语翻译"版本的联系。含义丰富，"占据统治地位"这一用语确实属于"译成母语"模式的范畴，但却是一种"译成外语"式的"译成母语"，它开启的总是同一类故事，它限定了脚本。从"译成母语"的角度来考虑翻译，赋予那些必须选择贴切措辞的人一种放弃与选择的自由，可以在其语言资源中找到另一个能开启更有意思的叙事的措辞——例如尊敬、卡里斯马（charisme）、声望、"更年长"等，例如塞尔玛·罗威尔为其研究的狒狒、玛格丽特·鲍尔（Margareth Power）为珍妮·古道尔研究的黑猩猩、阿莫兹·扎哈维为其研究的鸫鹛，或者迪迪埃·德莫西为我们在洛林一个保护区共同观察的狼群所提出的那些。又或者，针对一些通过暴力实施恐怖统治的雄性，雪莉·斯特鲁姆选择的"无社会化经验"的表达，表明此种态度尤其是这些令无数灵长类学家着迷的"占据统治地位"的狒狒无法精明地维护自己在群体中的地位的反映。

　　用了这些语词后，我们看到，"译为母语"模式的意义不在于彻底扫清其他用语，而是创造其他语词绝口不提或赋予其他含义的关系，并使这些关系得到感知。

　　"译为母语"的模式基本上也就是我试图在这本形式略显怪异的书中贯彻的模式。这本书由一系列看似割裂的篇章串连而成，可以像识字读本、词典、童谣集或诗集那样"从当中读起"。每个故事，在其被提到或召唤的语境里获得了——可能偶尔不会——一种独特的解释。每个故事，又因其他故事在各自陈述语境中根据与其随机相联的方式所作的回应而获得新的理解。正是这些"母语翻译"不同版本之间的联系，才能让我们感知另一些理解这些实践和动物的故事、评价它们的意义、可重复性、所激发的矛盾和创造力的方式——我甚至毫不怀疑，有些方式会与我自己的理解方式相反。但是，这种写作模式的成功之处或许也就在于不让事情过于简单，让阅读在时笑时怒间变得结结巴巴，就像我自己在写作时一样。简而言之，就像唐娜·哈拉维所做的那样——她做得如此标准——带着不适和困惑，在愤怒或幽默中，尝试各种互相矛盾、不可调和的"母语翻译"。

关于本章

弗朗西斯·蓬热的诗节摘自：Francis PONGE, *Pratiques d'écriture ou l'inachèvement perpétuel*, Hermann, Paris, 1984, p.40。

有关喀麦隆萨那加-杨（Sanaga-Yong）黑猩猩救助站黑猩猩的照片（《国家地理》，2009 年 11 月）和有关文化的讨论，请访问 cognitionandculture. net。

玛加利·莫里涅（Magali Molinié）的著作引人入胜地提出了"哀悼"是关于生者与死者之间关系的一个非常贫瘠的概念的观点，参见：Magali MOLINIÉ, *Soigner les morts pour guérir les vivants*, Les Empêcheurs de penser en rond, Paris, 2003。

我在"译为外语"和"译为母语"之间构建的反差并非这两种练习"本身"之间的反差。这是"共同"经历能够构成考验的两种方式之间的对比。对于一名普通学生，"译为外语"是一项用外语精确言说同一信息的艰苦练习，在这一转换中，学生并不

拥有他在使用自己母语时的那种自如与敏感。芭芭拉·卡森（她
让我注意到这种困难）指出，在"译为外语"即将自己的语言译
成他者的语言时，可以采用我所说的"译为母语"的模式。不管
怎样，在"译为外语"时，能够在他者的语言中选择、制造"同
音异义"，即表明该操作属于我所谓的"译为母语"模式。洛朗
丝·布基奥热情地校读了本书，她也对我发表了同样评论。她告
诉我莱布尼兹曾优雅地提出，让争议"文明化"的一途或为要求
把争议问题转换成他者的语言或用语。她说，莱布尼茨做得如此
出色，以至于某日宣讲了一段教义后，他在路德教会的教友把他
当成了一个暗藏的亲天主教分子！

　　实际上，我用"译为外语"和"译为母语"的反差——我要
是每次都用引号来注明的话，读起来会很吃力——构建的，是
一种以"译为外语"的众多"母语翻译"式方法"进行外译的
方式"。

　　本章参考的芭芭拉·卡森的观点源自一次讲座：Barbara
CASSIN, «Relativité de la traduction et relativisme», colloque La
Pluralité interprétative, Collège de France, 12 et 13 juin 2008。我
们还可以在这位哲学家主编的《欧洲哲学词汇》中看出她的关切
所在。她还提供了一个从经验角度对这一观点的阐述，收录在我
与伊莎贝尔·斯坦格斯合著的书中：Vinciane DESPRET et
Isabelle STENGERS, *Les Faiseuses d'histoires. Que font les
femmes à la pensée?*, Les Empêcheurs de penser en rond,
Paris, 2011。

　　对爱德华多·维维罗斯·德·卡斯特罗的引用来自以下两篇
文 章：Eduardo VIVEIROS DE CASTRO, « Perspectival

Anthropology and the Method of Controlled Equivocation», *Tipiti: Journal of the Society for the Anthropology of Lowland South America*, 1, 2, 2004, p. 3—22。Eduardo VIVEIROS DE CASTRO, « Zeno and the Art of Anthropology », *Common Knowledge*, 17, 1, 2011, p. 128—145。

我对"译为母语"的问题上心多年。这一思考之所以能从以上新的阅读和检验中得到充实，这只能是主导这一思考的集体研究开启的那些可能性（"猎获"）的功劳，而每一次修订都承载着对这一集体研究的回忆（感谢迪迪埃·德莫西、马可斯·马特奥斯-迪亚兹和伊莎贝尔·斯坦格斯）。

关于黑猩猩的"哀悼"问题，我还记得与伊丽莎白·德丰特内（Élisabeth de Fontenay）进行的一次讨论，因为我使用了"去世"一词。她说应该选择"死亡"一词。"它们死了。"我知道，伊丽莎白·德丰特内在用语的选择上非常严谨，翻译问题在她的研究中至关重要（Élisabeth DE FONTENAY et Marie-Claire PASQUIER, *Traduire le parler des bêtes*, L'Herne, Paris, 2008）。她并不是要否认或拒绝动物拥有我们的某些经验（证据就是她关注一切有关"动物的沉默"的问题，而且这还是她一本书的书名）。在她关于翻译的那本书里，有一页——是在讨论玛格丽特·杜拉斯的一篇文字的时候——讲述了大猩猩科科（Koko）的悲痛，非常精彩：这只大猩猩有时候说（用研究人员教它的手语）自己"不知何故"感到悲伤。因此，我只能猜测伊丽莎白·德丰特内对使用"去世"一词——像我这样——抱有抵触，而更加倾向于使用"死亡"一词的原因。我们当时的讨论因为这一分歧戛然而止，我们未能举出各自的论据。在我看来，伊丽莎白·德丰特内采取这一立场并不因为讨论的对象是动物，而是因为在我们的世俗传统中这种与死者的关系要求我们"清醒"看待死亡。我感兴趣的并非是死亡，而是与死者的各种可能的关系。希望这篇文字能为我和伊丽莎白·德丰特内继续我们的讨论开个头……

　　有关给人带来困惑或不适的各种无法调和的矛盾真实，请参看：Donna HARAWAY, *When Species Meet*, op. cit.。

　　其他指称统治力且有利于重建另一种故事的用语中，"卡里斯马"来自玛格丽特·鲍尔，请参看：Margareth POWER, *The Egalitarian: Human and Chimpanzee*, Cambridge University Press, Cambridge, 1991。扎哈维用的是"声望"，参见"搞科学"一章，罗威尔的观点则参见"等级"一章。

W：Watana—瓦塔纳
谁发明了语言和数学？

　　瓦塔纳是一位前概念阶段的数学家。虽然还很年轻，但已经成为科学论文的研究对象，上过视频，作品曾在巴黎拉维莱特展览馆的一场展览中展出。1995 年，瓦塔纳出生于比利时安特卫普，被母亲抛弃后由动物园工作人员收养，后来又在德国斯图加特待了一段时间，直至 1998 年 5 月来到巴黎药草园的小动物园。瓦塔纳其实是一只猩猩，该物种迄今不曾在数学史上留名。没有任何动物在数学史上留名，即便有过几次把它们至少领入算术世界的尝试。

　　在 18 世纪博物学家夏尔·乔治·勒鲁瓦（Charles George Le Roy）的著作中，我们可以看到猎人们讲述说，当他们佯装离去、留一人埋伏，以用调虎离山之计偷喜鹊蛋的时候，只有在人数超过四个的情况下，喜鹊才会上当。根据这一描述，看来喜鹊知道三和四的区别，但是却不知道四和五的区别。

20世纪，这种"计数"能力成为认知实验室的测试对象。乌鸦和鹦鹉——但远远不止它们——尤其能够区分画有一定数量黑点的卡片。但是，这些结果存在争议，有人说，动物不会计数，只是会识别整体形成的某种格式塔（Gestalt）而已。对此，动物行为学家雷米·肖万（Rémy Chauvin）回答说，我们人类在大部分时候也是如此，而且实际上某些数学天才根本没有时间去做人们要求的计算。他们靠的是其他方式。不是据说日本的锦鲤养殖者并不知道自己的池塘里有多少条鱼——数量实在太多，然而一旦少一条他们都能立刻发现吗？

科学家还利用强化模式来测试老鼠是否会"计数"。例如，老鼠必须证明它能在一定数量的刺激信号发出之前忍住，不按操纵杆。

更著名的是柏林一匹名为"汉斯"的马，人们认为它会做加法、减法和乘法，甚至还会开平方根。的确，一度有很多线索支持这一假设。1904年9月，在一群公正的裁判面前，这匹马显示它会解这类数学题，并用扬蹄次数给出答案。心理学家奥斯卡·芬斯特（Oskar Pfungst）负责解释这件事，他完成得很圆满。对于新生的科学心理学而言，很难想象一匹马可以计数。芬斯特在对这匹马进行的测试中发现，它是从提问者准备结束数数时无意流露出的身体信号中解读到答案的。问题被视为解决了，尽管有些人——例如雷米·肖万——仍然觉得这一解释未触及关键，他们认为这匹马很可能使用了心灵感应能力。诚然，认为一匹马会拥有如此极具人类特色的能力似乎不怎么可信。但是有些人坚持认为，即使这匹马肯定不会像我们一样数数，它的能力也决不仅限于解读人类的动作。在现身于这场争论的论据中，有一则来自从前矿工的观察。他们注意到，有些拉矿车的马，只要身后没有挂齐常规的 18 节矿车，就拒绝启程。

还有一些作者认为，某些猿猴在一些包含交换环节的测试中表现出一定的计算能力。这些实验中，黑猩猩学习如何使用金钱（或筹码）来支付额外食物或服务的费用。我们可以笑话、惋惜它们沉溺于交易系统，甚至欣赏用金钱来认可它们工作的观点（☛ T：Travail—工作）。此外，在所谓的合作测试中，我们看到卷尾猴在感到交换不公平时会拒绝合作（☛ J：Justice—正义）。它们会比较数量级，这虽然不是算术，但可以算作算术的萌芽。质疑动物"理性经济行动者"模型的最新研究表明，猴子——仍是卷尾猴——会在交易中使用金钱，而且它们会"计算"，有时理性，有时则欠理性。某种商品降价时，它们会选择最便宜的商品。但是，当实验人员和卷尾猴进行一些它们有可能赢取或失去部分购买物的交易时，它们的选择就变得"不理性"了——至少按实验人员采取的某种对理性的理解来看；在"得益相等"的情况下，它们偏好能让它们感觉赚了的交易。

瓦塔纳被视为前概念阶段数学家则是在另一个领域。它的才华主要体现在几何方面。这是在巴黎药草园小动物园对它进行研究的两位研究者发现的，他们是哲学家多米尼克·莱斯泰尔（Dominique Lestel）和哲学家兼艺术家克里斯·赫兹菲尔德（Chris Herzfeld）。故事始于克里斯·赫兹菲尔德，她在给瓦塔纳拍照时，对这个年轻猩猩的行为产生了兴趣。镜头里的瓦塔纳在玩一根绳子，似乎在打结。更仔细的观察证实了这一点。饲养员热拉尔·杜索（Gérard Douceau）也证实了这一假设。他说，瓦塔纳一直对他的鞋带感兴趣，一有机会，它便试图解开鞋带。

克里斯·赫兹菲尔德于是在科学文献中查找其他类似案例。她只找到一份且仅有一例关于猿猴打结的田野观察。相反，在圈养环境中，此类记录很多。在很多动物救助站和动物园都曾观察到猿猴解开绳结，偶尔还看到它们打绳结。但是，科学家认为这些都是趣闻，很少深究下去。因此，克里斯·赫兹菲尔德决定通过电子邮件进行一场调查。

在他们介绍研究结果的文章中，多米尼克·莱斯泰尔和克里斯·赫兹菲尔德指出，"今天"，也就是说，自1988年拜恩（Byrne）和怀特恩（Whiten）发表的有关灵长类动物说谎的研究以来，邮件调查这种方法论取向被认为是恰切的。这里我要插一句。两位作者认为有义务指出这一点的做法向我们展现了近百年来走过的道路——"走过的道路"不作进步解，而是童谣里唱的"进两步，退三步"那种路程。单是这一细节就讲述着动物科学史的一大段篇章，即"认识方式"之间的对立导致大部分本可构成研究素材的资源被剥夺资格的方式（☞ F：Faire-science—搞科学）。达尔文的一大部分调查恰恰就是用这种方法进行的——除了发的不是电子邮件，他写信到世界各地，用诸如"您是否观察到……"之类的方式询问。支持达尔文理论的很大一部分观察都来自业余博物学家、猎人、狗主人、传教士、动物园看守和殖民者。达尔文采取的唯一预防措施仅是注明某段材料源自某位值得信任的人，因而他认为材料可靠。在当时，这样的担保还行得通。

但是，两位作者指出的这一细节还透露了另一点，它见于所有科学论文，且是发表操作的意义所在：这一细节意味着每个科学家的陈述对象是其他"监督"着的同行。科学家有一些特有的反身模式，该细节便展现了其中的一种。科学家必须建构自己的研究对象，因此，一方面，就像此处一样，要注意方法论；另一方面，要确保他们的解释总是可靠的，能够对抗另一种竞争性的解释，比如"有人会反驳说简单的条件反射就可以解释"（☞ Menteurs—欺骗者；☞ P：Pies—喜鹊）。每位科学家在将自己的研究提交同行评议之前，都必须与他们进行一场想象的对话，以"分配反身性"（réflexivité distribuée）的方式预防所有异议。

回到赫兹菲尔德的调查。她收到了九十六份回复。会打结的猿猴中，有能使用语言的，有倭黑猩猩、黑猩猩；但是，数量最多的当属猩猩：有七个，而倭黑猩猩只有三个，黑猩猩两个，全都是人类在动物园或实验室中从小抚养的。猩猩数量偏多并不奇怪，它们在野外就喜欢编织巢穴，而在圈养条件下，它们似乎喜欢操控物品，并和物品独自游戏。

瓦塔纳也不例外，但它特别有天赋。莱斯泰尔和赫兹菲尔德于是对它的能力进行了测试。实验在受控条件下进行，全程录像，研究人员为瓦塔纳提供了打结和搭建的材料：卷纸、硬纸板、木头、竹管、细绳、绳索、鞋带、园艺桩和布料。一拿到物料，瓦塔纳便手、脚、嘴并用地开始了打结。它把两根细绳连在一起，然后打出一系列的绳结和绳圈，并将绳圈彼此绕过，插入硬纸板、木头或竹管，做成一个两列的绳链。它把绳链戴在脖子上，又多次扔向空中，最后，把绳链捡起来，小心翼翼解开绳结。另外几次，它使用彩线，或者将绳索系在笼舍的固定构件上，从笼舍的一个点到另一个点扯出不同的形状。

几乎每次,瓦塔纳都会把自己做出的东西拆掉。拆结与打结同等重要——要是哪天有人想进行一次绳结考古,涉及猩猩的部分应该是没希望了,但这不就是动物考古学的问题所在吗?和在女性发明物——采摘篮,把婴儿吊挂胸前的布兜——考古中所遇到的问题一样,动物制造的物品鲜有留下痕迹,这对证明这些制造物在历史中扮演了角色、甚至自身有一段历史非常不利。发明武器就有利多了。

莱斯泰尔和赫兹菲尔德对瓦塔纳行为背后的动机做了猜测。他们认为,瓦塔纳制做的这些物品不是工具,工具通常是造来用的,而此处情况并非如此。游戏的假设更可信,因为这些活动像是不以实用为目的的行为。只是瓦塔纳又拒绝和它通常的玩伴、同笼舍的图波一起打绳结。

瓦塔纳把笼舍构件当作系绳点的意图,以及它尝试这种可能性的方式,让研究人员有了新的假设。瓦塔纳在构建形状。这些形状表明取乐不是唯一目的,它们意味着、反映出一种"形状生成行为"。研究人员解释说,这是它必须应对的某种挑战。它对绳索的选择并不盲目,它会"想着"可以用它们做些什么。"它赋予自己所做之事以意义,并乐在其中。"瓦塔纳操作起来非常专注,一点也不吊儿郎当或三心二意,有时还会停下来看看自己做好的部分,想想接下来怎么做。根据两位作者的说法,它采取了一种"摸索逻辑",意思是它有条不紊地摸索着打结活动的物理和逻辑特性。

莱斯泰尔和赫兹菲尔德便是从这个意义上认为瓦塔纳通过前概念阶段几何学之门进入了数学世界。当然,瓦塔纳没有证明任何数学定理,它只是探索了绳结"本身"的"实用性和几何性"。

它把绳结视为"可逆作用"的结果，头脑中有一份绳结的"示意图"。它利用自己的身体研究绳结，践行着两位作者所谓的"综合数学"。

对于两位研究人员而言，"对形状本身的兴趣，以及对恰切操作的找寻以进一步探究形状性质，才是数学活动的'真正起源'（true beginnings）"。

我选择用"起源"（这也是词典里有的义项）而不是意义对等的"基础"来翻译英语原文中的"true beginnings"。两种翻译的意指非常接近，我之所以选择"起源"的译法，那是因为这个词在他们那篇文章的最后章节还会频繁出现。和"理性的系统发育"一样，"起源"的表述也出现了好几次。诚然，一种非人物种认识论颇为诱人——我也不是两位作者担心的那种会因此感到不适的人——更何况这将迫使我们关注某种"动物群体史"。但是我不确定这会是一种能让动物扬眉吐气的历史。那又是而且仍然是我们的历史。一些黑猩猩、猕猴或狒狒群体已被持续观察了好几代——布鲁诺·拉图尔曾对此评论说很少有人类群体得到人类学家的如此关注——我相信这是"它们的"进入历史的方式：通过边门，有时这是最好的方式。进入历史不必满载承诺和礼物，也不必涂脂抹粉。希望瓦塔纳肩负起我们的某种起源的解释并不赋予猿猴以它们的历史，而是在迫使它们跟着我们的历史走，在我们的历史中当祖先。

我也要为莱斯泰尔和赫兹菲尔德说几句公道话，估计他们遵循了个中规则。面对施于论文发表和研究经费的某些限制，他们充满想象力、引人入胜的大胆调查不得不做了一些让步。显然，起源问题是规则的一部分，它似乎回应着某种只可意会的要求：

随你们对什么感兴趣,不过万一触及我们的行为起源问题,那这事就会**让我们**感兴趣。于是猿猴被冠以许多应令它们敬谢不敏的起源故事。热带稀树草原上的狒狒要为第一次"从树上下来"作解释,轮到黑猩猩,则是道德、交易和许多其他东西的起源。

这方面的重灾区当属语言;科学家研究了大量行为,因为它们被视为语言可能的起源。把它们摆到一起,这些研究不禁给人一种极为滑稽的感觉。即使是一些最让我惺惺相惜的作者也无法逃避对语言起源的这一迷恋。例如,布鲁斯·巴格米尔(☞ Q:Queer—酷儿)宣称,有关性邀请的象征性手势促进了语言习得,是语言的来源之一。往研究人员脑袋上扔粪便的黑猩猩(☞ D:Délinquants—罪犯)也是因为这一计划而成为了测试对象:蓄意扔石头或武器(但研究人员没有冒险将武器交到黑猩猩手里)据说促进了负责语言的神经中枢的发展。最后——我就再举这一个例子——1996 年,人类学家罗宾·邓巴(Robin Dunbar)提出,语言似乎是代替除虱或"社交护理"而出现的。科学家公认,"社交护理"具有维持社会关系的功能。但是,邓巴说,毛发护理只能就近进行,所以只能在较小的群体中保证社会凝聚力。言语应运而生,代替了护理,但并非作为信息的载体,而是作为一种实用的"闲聊"活动,即一种保持联系的活动:没有实质内容的交谈有助于建立或保持联系。但这样的话——显然,该理论的缺点便在于此——必须把闲聊想象成先于任何形式的口头语言,全不管必须具备全部的语言想象才能闲聊。

这种对语言起源研究略显狂热的痴迷其实更让我发笑。对此,有时我甚至会有一种暗觉好笑的宽容,就像面对那些永远回到同一假设的人时的宽容——只要不是过于频繁地面对。这也是漫画、幽默简论——如让‐巴蒂斯特·博蒂乐（Jean-Baptiste Botul）及其《木之形而上学》（*Métaphysique du mou*）、塔蒂的电影，或文学之类的喜感来源。《扎姬坐地铁》（*Zazie dans le métro*）里那只鹦鹉是怎么说这种事，乃至所有事情的？"说啊说啊说，你只会耍嘴皮子。"

关于本章

卷尾猴沉溺于交换的实验资料见于：K. CHEN, V. LAKSHMINARAYANAN et L. SANTOS, «How Basic Are our Behavioral Biaises? Evidences from Capucin-Monkey Trading Behavior», *Journal of Political Economy*, 3, 114, 2006。

克里斯·赫兹菲尔德的摄影作品收录在一本合著的书中：Pascal PICQ, Vinciane DESPRET, Chris HERZFELD et Dominique LESTEL, *Les Grands Singes. L'humanité au fond des yeux*, Odile Jacob, Paris, 2009。几段瓦塔纳的录像曾在2007年巴黎拉维莱特展览馆《兽与人》展览上展示。展览图录（Vinciane DESPRET [dir.], *Bêtes et Hommes*, op. cit）中有克里斯·赫兹菲尔德撰写的一段文字。至于其余内容，我的来源是：Dominique LESTEL et Chris HERZFELD, «Topological Ape: Knot Tying and Untying and the Origins of Mathematics», in P. GRIALOU, G. LONGO et M. OKADA (dir.), *Images and Reasoning*, Interdisciplinary Conference Series on Reasoning Studies, I, Keio University Press, Tokyo, 2005, p. 147—163。

伊莎贝尔·斯坦格斯在《现代科学的发明》（*L'Invention des*

sciences modernes)一书中提出"竞争性解释"时,我就注意到了"分配反身性"的问题。又想起这个概念,是后来人类学家丹·斯珀伯(Dan Sperber)向我指出,我对实验室伪迹的批评是正确的,因为科学家自己也彼此进行此类批评的时候。他说我只要让他们来、转引他们的批评就可以了。我同意(只是部分同意)他的建议,因为这样可以主张一种实用主义的立场:遵循行动者的言行,而不是建立一种"背着他们的知识",我的工作因而也不会有落入揭露体制("科学家不知道自己在做什么")之嫌。但这恰恰是因为我认为,在心理学(人类或动物)领域,科学家真的不知道自己在做什么,我认为我并不是简单转引他们的自我批评和互相批评,我还做了其他的事情。我希望能够信任他们,以避免把自己摆在揭露者这一不适与矛盾——相对于我的认识论选择而言——的立场上。在这方面,我仍然是——就像布鲁诺·拉图尔那样,但以一种他一定会认为带有规范化色彩的模式——一名"非专业的爱好者",即,一名热爱并努力了解和维持自己所爱之物的爱好者,一个也因此偶尔可以说"这差点意思"的人。

关于罗宾·邓巴的语言起源理论,请参看:Robin DUNBAR, *Grooming, Gossip and the Evolution of Language*, Faber & Faber et Harvard University Press, Cambridge, 1996。

X：Xénogreffes—异种移植
能靠一颗猪心活下去吗？

　　Gal 基因敲除猪是一种奇怪的存在。我只在科学文献中读到过它，但是，我可以想象它的样子。想到 Gal 基因敲除猪时，我会想起奥森·卡德（Orson Card）"安德三部曲"第二卷中，当遥远未来的地球人到达卢西塔尼亚星球时发现的那些"猪仔"。"猪仔"不是人类，顾名思义，他们是半人半猪的生物。他们也会思考、发笑、感伤、爱慕、恐惧、依恋、关心亲友，甚至关心与他们来往的人类男性和女性（被派来研究他们的异种学家和天体生物学家）。"猪仔"会说几种语言，分别针对雌性、同性同伴，又或者说葡萄牙语的人类——地球人使用这门语言的设定就讲述着一整段历史。非人非兽，他们挑战着人类种与界的分类。他们与树木交谈，树木也会回答他们，但不是通过我们所谓的"言语"。

树木是他们的祖先。因为每个"猪仔"体内都有一颗树核,在成树的仪式上,"猪仔"的身体被肢解,变为树核,进入一个新的生命周期。

我希望从想象的角度——这是科幻小说的重要资源之一——用"猪仔"和人类共同构建的那些故事来充实 Gal 基因敲除猪的故事。"猪仔"和人类的故事都很沉重,这些故事里,一些生意味着另一些死。人类和"猪仔"相遇,双方试图坦诚但并非总能如此,他们共同因对方而生因对方而死,试图适应对方、与对方共同重组。他们是跨星际的同伴物种。

而 Gal 基因敲除猪就生活在我们的星球上;它属于我们的现在,但据说也是我们的未来。它看起来像猪,因为它就是一头猪。不过,"同伴物种"一词因它而在猪人共处的历史中有了全新的变化。Gal 基因敲除猪有一部分是人:它就是这样在不久前被发明出来的。它接受了基因工程改造,以使人类的身体有朝一日能接纳它出让给我们的器官。它被重新设置,以便我们的身体基于区分"属于我们"和"不属于我们"的生物与政治边界不再成为接受其器官的阻碍。正如研究人员所写,他们控制住了在物种"组合"时导致移植器官排异的"异源"抗体——Gal 基因敲除猪的命名部分即来源于此,因为敲除的是编码半乳糖基转移酶(galactocyltransferase)的基因。

而与"猪仔"相关的最后一环就是:Gal 基因敲除猪被移植到某个人类身上的内核在其死后继续成为此人生命的一部分。我们将此操作称为"异种移植"。

到目前为止,异种移植仅在黑猩猩身上实验过。只要术后生存期无法超过一年,这一方法就不能在人类身上使用。历史充满了奇特的讽刺，这两种自在地球上出现以来便毫无关联的生命存在，它们的命运竟然在生理学实验室中连结在了一起。黑猩猩曾经长期占据 Gal 基因敲除猪如今的位置。1960 年代，黑猩猩因与人类的亲缘关系而被认为是器官捐献的首选来源。移植失败导致了对使用黑猩猩器官的质疑，与人类的亲缘性这一有利条件同时成了妨碍。黑猩猩与人类的亲缘关系确实真的太近了，于是开始使用狒狒。但是根据卡特琳·雷米的调查，1984 年将狒狒心脏移植到一名 10 日龄女童体内的失败实验再次引发了争论。新生儿患有先天心室发育不全，她在移植后只挺过了一个星期多一点。雷米指出，这场争论几乎完全在记者和专业卫生工作者之间进行，唯一的外部参与者是动物权利组织的活动分子。他们不仅关注动物被牺牲的事实，还注意到女婴也是受害者。还有一些其他的批评，特别是在人们意识到之前进行的异种器官移植实验——且都以失败告终——都以脆弱或异常人群为实验对象之后，如住在大篷车上又聋又盲的穷汉、没有收入的有色人种、死刑犯等。对这种边缘之人，人与非人的问题鲜被提及，更容易被牺牲的逻辑所取代。这一发现对争论产生重要影响，狒狒也不再是器官提供者了。

今天，黑猩猩在临床前阶段替代了人类，反映出这类研究中存在着的惊人矛盾。生理层面叠加道德层面的亲近，以黑猩猩为器官提供者的做法就成了问题；于是便根据其他差异与亲缘模式来调整。黑猩猩因为与人类太接近而不再是器官提供者；但是正因为它与人类接近，它可以代替人类扮演接收者。存在着多种并不交叉的与他者"相同"的方式，而与他者"相异"的方式肯定更多。

正是在这个"相同"和"相异"的复杂游戏中，才能读出
Gal 基因敲除猪继任器官提供者一事的含义。因为从生理层面来
看，与黑猩猩相比，Gal 基因敲除猪与人类更亲近。无论是在器
官大小方面——黑猩猩的器官对于成年人类来说太小——还是在
移植器官的耐受性方面，这一点要归功于基因操作。反之，在道
德层面，至少表面上，可以完全排除猪与人的亲近关系。

但是，这种区分并非如此简单，它并不完全贴合不同躯体、
不同生命存在之间的边界。一方面，雷米采访的科学家在谈到他
们的基因操作工作时称 Gal 基因敲除猪被"人化"了。参与猪的
基因改造的研究人员在文章中也用了"人化"一词。在本例中，
这一说法并不反映猪"是"什么，而只是出于实用，表明一种实
际条件：资格不是基于"相同性"，而是基于"连续性"，因此可
以跨越不同生命存在的范畴。"人"的称谓并不说明什么，只为
行动开绿灯。

另一方面，雷米在这些实验室中进行的田野调查进一步加剧
了类别限制的固有矛盾。所谓 Gal 基因敲除猪与人类"接近"
（proche，意为与人类相似或等同），在不同情境中，由研究人员
说出或在实验动物管理员的实践中拥有不同的意指，它们在隔绝
的状态下共存。这一共存体制在实验室动物管理技师和科学家两
者实践的对比中体现得尤为明显，也就是说尤其可以在行为举止
中感知到。例如，雷米观察到，当器官从动物身上取走后，动物
管理技师会仔细缝合被**安乐死**的动物的身体。通过这种程序，动
物依旧保有"身体"，它既不会像屠宰场里的动物一样变成所谓
"骨架"，也不会变成要扔掉的垃圾，而是被视为"亲人"
（proche）。诚然，动物的身体会被清理，但是在做过一番处理、

维持其——我会说"逝者"遗体的境遇之后（☞ K：Kilos—千克）。在这种境遇中，动物**要求我们承担义务**，尤其要求我们采取能延缓、打破常规的举止。

还有另一些同样能够体现这种"关怀"意愿的举止。根据雷米的观察，某些时候，动物管理技师会对将被用于实验的动物说话，慈祥而同情地说，曾有一人对一只前往手术室的猪说："可怜的老伙计，要对你做多少事啊！"

根据相当明确的分工，研究人员将实验动物的福利问题交给动物管理技师来处理，尤其是希望他们"知道动物的脑袋里在想什么"。当动物"稍有失准"，脱离常轨或行为异常，科学家便会不安，立即将动物交由动物管理技师照管。在实验室研究人员和动物管理技师的关系中也可以看出这种工作组织方式，当他们以幽默方式表达时尤其明显。研究人员时而认可，时而公开调侃动物管理技师对动物的关心，他们的感情或担忧，笑话他们能"看到动物脑袋里的情形"；动物管理技师则看着缺乏常识的研究人员好笑。

这一反差在话语中的表现显然从来没有像在互动中那样清晰，更何况我刚才描述的这一切要结合研究人员经常明确主张给予动物"尊重待遇"——但他们把这一任务托付给动物管理技师——的意愿来看。研究人员同样还强调，必须对动物抱持伦理尊重，给予其"人道"待遇，以向我们赋予人类的待遇看齐。卡特琳·雷米写道："悖论在于，对非人类的这种关心至少部分是由某些实验设置导致的'失控'造成的。换言之，正是史无前例的工具化操作为把动物定义为敏感无辜之生物创造了条件。"也就是说受害者。而动物的死则成为一种牺牲。

可以基于这一悖论创造历史吗？我不这样认为，因为我无法相信把动物视为受害者就能强迫我们反思，我同样不相信把动物的死描述成牺牲有助于我们反思。与牺牲相关的理由太沉重了，它们把这变成了一个无法回避的选项，而且会一直拿某种更高的利益来当论据。牺牲的传统会是一段有意思的历史，但在此处，它提供不了任何会迫使我们在 Gal 基因敲除猪面前、在其在场的考验下思考的续章。

既然 Gal 基因敲除猪已经问世，那么，我们该用怎样的智慧和它共处呢？如何去做？我参考科幻小说、引用拷问人类分类范畴的"猪仔"的做法恰好反映了我的难处。但是我之所以提到这一点，那首先是因为人类与"猪仔"的相遇给异种学家带来了一系列非常具体的问题，这些问题需要解决方案，而一旦被牵涉其中，谁也无法自诩清白：我们该如何与他们对话？在利益无法调和的情况下，如何真诚面对他们和我们自己人？如何善待他们？这并未杜绝卢西塔尼亚星球上的冲突、暴力和背叛。但它们并非必然发生。没有什么可供援引的"更高的利益"，人类的利益更是无从谈起，因为对"猪仔"们而言，只要不与**他们的**问题产生关联，人类的利益就不是他们的问题，其唯一"更高"之处只是因为被铭刻在了权力关系中。

我们与 Gal 基因敲除猪的故事延续的将是怎样一段历史？如何想象一段须由我们继承并为之担责的历史？

这段历史尚待创立，我这里既没有脚本也没有线索。但是，一定要找线索的话，我想我会往考虑到**变形**的那方面去找。因为 Gal 基因敲除猪的命运所能关联的历史取决于我们的想象打造的这种可能性：变形，即由身体的变化导致的生命存在的变化。

但我们必须为这种变形开拓新的可能。一方面，从雷米的调查来看，科学家从未考虑过人类变形。另一方面，我认为，对于动物来说，变形被局限在了目前用于思考变化的**杂交**体制中。"杂交"一词虽然隐含着某些对于一段通往日益丰富之多样性的持续历史的承诺，但它兑现不了其中任何一个：杂交依旧属于"结合"（combinaison）范畴，即对两个"亲本"物种某些特征的复制。从杂交角度思考限制了后续发展，并将其强行置于一个二元体制当中，即"人化的猪"与其可能的对应面"猪化的人"。相反，变形可将"结合"重新转化为"合成"（composition）体制，向意外与事变开放，为能够深刻改变生命存在以及它们之间关系的"其他东西"的出现留下空间。变形是一种关于发明的生物学和政治的神话与虚构。

参照唐娜·哈拉维对生物学家林恩·马古利斯（Lynn Margulis）和多里安·萨冈（Dorian Sagan）的研究工作的分析，我提请将名为"共生起源"（symbiogenèse）的生物学进程引入对这一虚构。我对这一选择极有信心，尤其因为它回应的关切与我的关切类似：建构其他历史，为"同伴物种"提供另一种未来。多年来，马古利斯和萨冈一直在研究细菌的发展。他们指出，细菌不停地彼此来回交换基因，而这些交换从来没有形成边界稳定的物种。这，哈拉维评论道，时而让分类学家迷醉，时而让他们头疼不已。共生的创造力量从细菌制造出了真核细胞，借由这场庞大的基因交换游戏，可以重建包含所有生物的历史。从真菌到植物再到动物，一切生物都有共生起源。

但是，共生起源并不是这一历史的关键："共生的新创造并没有随着拥有细胞核的原始细胞发生演化而结束。共生依旧在各处起作用。"每种更加复杂的生命形式都是基于其他简单生命形式之间越来越密切的多向关联的持久结果。上述两位生物学家还写道，一切生物都是"吸收（cooptation）外来者"的产物。

吸收，传染，感染，合并，消化，相互感应，共同生成（devenirs-avec）：哈拉维说，人类最深层、最具体、最生物的本质是一种种间关系，即吸收外来者的过程。我牢牢记着"异种移植"（xénogreffe）一词源自希腊语词根 xenos。这个词首次出现在《伊利亚特》当中，并在《奥德赛》中再次出现。对古希腊人来说，它指"外乡人"——应当给予招待的外乡人，而不是野蛮人（barbare）。"外乡人"说着听得懂的语言，能够说出自己的名字和出身。人类与 Gal 基因敲除猪的通用语言是遗传编码，一如指明其当下出身的语言。Gal 基因敲除猪是它的名字。这种语言，这种命名方式，能让我们做好接受和思考变形的准备吗？这是一种能让我们负起责任且更加人性——即在种间关系中"更加介入"——的语言吗？

目前，答案恐怕是否定的。这尤其因为，一方面，Gal 基因敲除猪是一种量产的生物，量产的制品不会让人考虑"如何回应"的问题。另一方面，虽然科学家注意到了他们所称的猪的"人化"改变的问题，但他们从未就接受 Gal 基因敲除猪部分身体的病患提出过同样问题——我没写错，是同样问题，"别样"（autrement）人性意义上的人化。

Gal 基因敲除猪制造团队一员对等待移植的候选病患进行的调查反映了这一研究"盲区"。根据他的调查结果，我可以轻松推断出他向病患们提了哪些问题。研究人员说，调查结果告诉我们，这些病患中的一部分可以接受 Gal 基因敲除猪提供的器官，但仅限于紧急情况，而且因为他们把移植看成"替换一个机械零件，以让整部机器恢复运行"，无所谓器官是来自人类还是动物。另一些病患则拒绝，理由是物种之间的根本区别："这些病患要求只用人类器官。"

诚然，调查还提到第三类也是最后一类病患。这一部分病患对接受 Gal 基因敲除猪的器官设置了一些条件，并询问更多信息。我们不知道他们提出的条件、询问的信息是什么，我怀疑它们同样与调查人员向这些候选病患提问的方式相关。而且在这项调查中，我看不到任何能激发人们探究此类研究意义的内容。病患成为向他们提出的那些问题的人质，因而给出的也是人质的回答。此类回答让我感觉该调查的实施方式在某种程度上类似那些为了了解消费者对某种产品的态度而进行的调查，某种"构成问题"的产品，而"问题"已经预设好了。这种做法不一定得到配合。研究人员小心避开了所有可能引发思考的问题，要不就是根本没有想到。调查的结论证明这种思考不在调查关注事项范围，研究人员写道："移植的器官远远谈不上关键，它来自某人向另一人的自愿捐赠，并因此而被视若珍宝。换成动物活体质料，那就肯定能简化接受移植的病患的两难抉择，特别是涉及无法感谢自己的救命恩人的问题。"

我不知道对于那些因接受另一生命存在付出生命代价捐赠的器官而存活的人而言，无法感谢救命恩人是否是他们真正的两难所在。我读到的少量试图展现这种经历的小说或自传讲述的是一个更加复杂的故事。这些人不是要感谢，而是要牢记这一馈赠，努力让自己对得起它，接受延长那不再只属于他个人的生命，带着那既是自身又是他者、那既是他者的自身又是自身中的他者的部分接力活下去。变形有了另一个名字：成就。器官捐赠便被纳入一段遗产继承的故事，一段待成就的故事。

因此，也许我们应往这些故事、这些讲述我们如何与动物一起成为人的故事的方向去寻找、去思考。那些从"被捐赠"（donné）变为且不断变为我们天然成分（donné）之一部的事物的角度。一份需维持、需为其争光的捐赠，或者按照一种要求更高的"译为母语"的版本，一份带有约束性的捐赠：变为变形所要求的样子。

约瑟琳·波切在说到童年那只猫的时候，不是就写了自己是和它的相处中构建为人的吗？"我的身份的一部分［……］属于动物界，正是与这只猫的奠基性的友谊让我得以进入其间［……］。因为动物会教育我们。它们教我们说无词之语，教我们用它们的眼睛看世界，教我们热爱生活。"哪怕只是为了这一点——热爱生活。

关于本章

2005 年，《医学/科学》（*Médecines/Sciences*）杂志上发表了题为《异种移植最终会被人们接受吗？》（«Les xénogreffes finiront-elles par être acceptées?»）的文章，用法语介绍了塞琳娜·赛维诺（Céline Séveno）团队有关 Gal 基因敲除猪的研究工作。这篇文章可以免费下载。

引用的卡特琳·雷米的文字摘自她的著作：Catherine RÉMY, *La Fin des bêtes. Une ethnographie de la mise à mort des animaux*, op. cit。该书第三部分介绍了她在实验室里的田野研

究。至于异种移植的历史，我还参考了她另一篇更加理论性的文章：Catherine RÉMY, «Le cochon est-il l'avenir de l'homme? Les xénogreffes et l'hybridation du corps humain», *Terrain*, 2009, 1, 52, p. 112—125。

哈拉维对于她从马古利斯和萨冈那里借用的"共生起源"的分析见于以下著作：Donna HARAWAY, *When Species Meet*, op. cit。

关于 xenos 一词的起源，我参考了皮埃尔·维拉尔（Pierre Vilard）的文章：Pierre VILARD, «Naissance d'un mot grec en 1900. Anatole France et les xénophobes», *Les Mots*, 8, 1984, p. 191—195。

约瑟琳·波切有关猫的文字引自她本人的著作：Jocelyne PORCHER, *Vivre avec les animaux*, op. cit。

Y：Youtube—Youtube 视频网站
动物是新的明星吗？

　　2005 年 4 月 23 日在 Youtube 网站上发布的第一条视频拍的是圣迭戈动物园围栏中的大象。网站的三位创建者之一贾维德·卡里姆（Jawed Karim）从象舍开始，一边讲解，一边逛起了动物园——象舍这段视频为 19 秒，只拍了大象。特写镜头里的贾维德·卡里姆犹豫了一下，最后说大象们的鼻子很长。"很酷。"他补充道。大哲学家康德在他的著作《自然地理学》中描述了大象，他不是也说"它还有一条长着刚硬长毛的短尾巴，这些毛可以用来通烟斗"吗？他没有说"很酷"，当时应该不流行这么说。但不管怎样，他一准觉得用这些毛通烟斗很实用。

　　从这条视频开始，动物在 Youtube 网站上的成功就不断增长。而且，我听说在网络爱好者的世界中，人们用病毒来比喻这一现象，因为随着触及的用户越来越多，视频的扩散范围也越来越大。病毒的比喻显然不无歧义。传染的说法既可以指人们对动物视频的兴趣像"传染病"，像一种社会习惯方面的流行的、塔尔德定义上的模仿，又可以指这种兴趣像某种顽固的毁灭性病毒，无法控制地增殖肆虐。我不准备考虑这第三个假设，因为我感觉它非常类似那些保守秩序卫道士的口吻：当视频涉及人类时，他们为了他们所称的"自我暴露的自恋崇拜"而惊慌失措；当狂热转向动物时，他们十有八九已在中风的边缘。

相反，另外两个解读版本，导致变形的传染，传播新习惯的模仿，在我看来，它们从实用角度开辟了一条有趣的探索途径。Youtube网站不仅反映出新习惯，而且还发明着新习惯、改变着传播这些习惯的习惯。通过选择 Youtube 网站这个切入口，我想展示另一种转译，借鉴自布鲁诺·拉图尔对网络创新和网络化身的解读。借用拉图尔的分析并将其应用于人类业余自拍视频的蓬勃发展，我会说这些视频是全新主观性形式——新的存在方式，新的思考自身、自我展示和了解自我的方式——这场前所未有的勃兴的载体。因而可以将这些视频实践重新定义为发明某种新型心理——作为一种认识与变化的实践——的场所，一如以前浪漫小说、自传和日记之于它们的读者：我们是从哪里学会坠入爱河的，难道不是从浪漫小说中吗？成长实录对我们有什么影响？我们是怎么变得浪漫的呢？

但是，对于大多数人而言，这些著作在他们生活中的留痕相对隐蔽。而当互联网介入后，拉图尔说，情况就完全不一样了。自我在视频中出镜不仅留下了明确的传播痕迹，而且还引出了会留存下去的评论，进而激发其他评论和自我出镜。这是些研究者可以追踪其传播途径的新的生活习俗，就好像参与这一扩张网络的行动者世界成了一个庞大的实验心理学实验室，这些习俗、这些存在、交往和自我展示的方式在此间形成并理论化。按照这一思路，我们能否想象，这些让越来越多的动物进入我们集体的视频，在这项实验中构成了动物行为学（éthologie）一种新实践的场所？自然，我取的不是通常对该词的狭义理解——"动物行为科学"，而是取与其古希腊语词源 ethos（习性）相关的意义：把分享甚至共建同一生态位的生命存在联系在一起的风俗、习惯。换言之，或许可以认为这些激增的视频不仅是新的社会习俗的反映，而且还创造出新的种际"习性"、新的关系模式，并同时构建着相关的知识？

不妨做一个类比，在这些令动物变得可见、关注它们的新方式，和先于这些方式的传播与知识实践——即动物纪录片——之间。动物纪录片自 1960 年代发明以来，数量便呈指数级增长，人们对它们的兴趣可见一斑。

如此类比，我的目的是评估它们改变所涉生命存在和将这些存在维系在一起的知识的潜力。动物纪录片带来了令人瞩目的转变。它们引入了新的与动物相处的习俗，有时甚至为研究人员引入了新的"习性"。科学哲学家格雷格·米特曼（Gregg Mitman）指出，新通信技术的出现马上令科学家得以深入两个世界，动物交流领域和大众通信行业。这一双重进入将产生多种效果。一方面，大众传播将为动物保护的宣传实践建立起新的网络。这将深刻改变科学家介绍自己研究的方式。像电影和电视剧中的主人公一样，动物会被赋予"个性"和情绪，成为经验可为任何人分享的"人物"。另一方面，从这一刻起，与动物的亲密接触就表现为一种研究方法,仍然广受争议,但在某些情况下可以认为是合理正当的。更何况这种亲密接触对于吸引公众认识濒危动物而言堪称有力推手。这种以前不入主流、仅存在于大众普及书籍的"搞"研究、展示研究的新方式,模糊了业余爱好者的实践和科学实践之间的界限(☞ F:Faire-science—搞科学)。这对于许多科学家而言——包括那些愿意尝新的科学家——非为易事。他们当中的许多人不无沮丧地看到自己的实践被与探险家或冒险家的实践相提并论,他们的动物则被高度拟人化。

但反过来,这些纪录片还是对实践本身产生了不可忽视的影响。它们不仅激发了投身动物研究的志向——号召力最强的要数珍妮·古道尔和她的黑猩猩,并因为它们所展示的田野工作,促生了某种对于田野研究的新观念。例如,历数大象科研史上的重要研究,我们会发现,代表研究人员专业性、权威性的数据与统计数字,逐渐被"个人"故事、被将动物个体化且赋予它们冒险和实验真正行动者地位的影片与照片所取代。这些技术起初被认为对倡导动物保护而言再合适不过,后来则成为正当的研究方法。这些视听实践还对研究人员和动物保护都产生了经济意义:放映纪录片的频道网络在很大程度上为研究提供了资金,纪录片的传播则吸引了大量公众向动物保护机构捐款。

我认为从类似的变革的角度来看待 Youtube 网站上的视频相对贴切。诚然,互联网上什么都有——但我们也可以就纪录片说同样的话,虽然规模不及。其他的知识模式在互联网上孕育,业余爱好者接手了,或者更确切地说再次接手了,而且这次还拥有了无与伦比的传播手段。动物在网络视频中比在纪录片中更有行动者的风采。它们本领高超,它们的英雄气概、社会化程度、认知或交往能力、幽默感、不可预测性或创造性令人刮目，并已成为如今日常的一部分。诚然，这些视频材料无法纳入严格意义上的证据体制，评论表明没人或几乎没人如此天真；谁也不知道视频是在怎样的条件下拍摄的，终归存在作弊或演戏的可能，不管视频里的动物是否参与。但眼见为实，几乎所有视频都获得了认可："有人看见，有图像为证"。

　　这些视频有的出自研究人员或博物学家之手，有的则不是。这一点有时很难分辨。爱好者和科学人士作品之间的界限似乎模糊不清，视频中的某些动物确实会带有双重身份。观看几个点击量排名前十的视频时尤其会有这样的印象。例如，2011 年 10 月 21 日，前十视频之一拍的是"爱因斯坦"，这只鹦鹉堪与心理学家艾琳·佩珀伯格的鹦鹉（☞ L：Laboratoire—实验室）相媲美，不过它的专长明显不是那些正经能力。对于该视频的评论相当多，一直在推荐该视频的截图下方滚动，其中一些与科学家在围绕说话动物产生的争论中使用的论据如出一辙，只是表述上更通俗：有的说这是条件反射、是驯兽，有的则相反，认为这是智力的证明，有些动物明白自己在说什么，甚至还有人觉得这也许是驯兽，但鹦鹉重复的每句话都很"恰当"。

　　另一段视频则向我们展示了北极熊和狗一起玩耍的场景。它们的游戏似乎直接出自马克·贝科夫的研究，而且对视频的评论似乎也在呼应贝科夫提出的科学理论（☞ J：Justice—正义）。题为"克鲁格公园之战"的视频展示了水牛们从狮群的攻击下英勇救出一只年轻同伴的场景，这段明显由游客拍摄的视频在我看来不啻一部有关水牛社会组织方式的真正的纪录片。还有一段视频展现了两头长颈鹿之间壮观的冲突，视频开头有一段文字警示：

"电视不会播给您看这个。"

今天，这样的视频数不胜数，它们反映并激发人们的关切，有时甚至代表着一些多少明晰可辨的关切。例如，一些此类视频被宗教网站当作有教化意义的案例转载。以"生命存在之间的爱与合作"为关键词搜索，您将看到象群营救小象，您将看到一群狐獴高度合作的生活，白蚁将向您展示如何同心协力营造建筑。相关的评论有的属于道德体制（团结攸关生死），有的则有神学追求（除了上帝，还有谁能创造出这个充满如此现象的世界呢?）。这样一来，对动物的这些策略性使用便又回到博物学某些旧日版本的传统——有时甚至是更当代的版本，但在道德和政治层面的意图不再那么显豁。

这些爱好者视频是延续搞笑偷拍以及另一些滑稽视频而来，我们还可在它们之间作一类比。一只像玩"一，二，三，木头人"游戏一样想在主人眼皮底下瞒天过海的猫，一只玩滑板的狗，一只向海员求救的遇险企鹅，打劫朴实游客背包的猴子……Youtube 上风行的动物视频或可看作那些幽默节目改头换面的遗产，某些视频的风格与它们一脉相承。或许发送给我或者我在研究中自己发现的相关网站链接并不构成严格意义上的样本，但是我感觉延续这一遗产的动物视频已逐渐成为少数。现在拍的动物很少再是跟斗和其他可笑遭遇的受害者，或者更准确地说"小丑"。它们让人感觉滑稽，那是因为它们的所作所为令人惊讶、出乎意料。出乎意料的事情明显给人以拟人化的印象。动物做了原本属于人类行为范畴的事情，而滑稽、惊奇或神奇感仅仅源于行动者不再是人类。这就是这些视频获得关切并激发人们热情的原因所在：动物向我们展示它们的能耐，而我们对此竟然一无所知。而且尤其因为上传至互联网分享的大部分此类经验反映出一个人和一个动物的共同努力，反映出他们的共同学习、有益的亲密关系和耐心建设的游戏——狗和主人一起玩滑板，猫和主人躲猫猫、制造惊喜。我们了解到"我们"和动物在一起能够做什么。它们完全可以构成一个庞大的知识库，这些知识动用了科学以外的其他模式和网络，动用了其他拷问和测试动物的方式，会为"同伴物种"的关系带来前所未有的全新意指。

　　然而，在这一知识形成过程中，科学实践并未缺席。它通常退居边缘，但只要追踪它在网络上留下的痕迹就可以找到。比如，对于泰国大象营中的大象画家，通过探索可能的链接，我们可以很快找到研究猿猴绘画的专家德斯蒙德·莫里斯的一篇文章，他还亲自去过一家这样的大象营（☛ A：Artistes—艺术家）。圣基茨岛酗酒猴子的视频下有一条评论，提供了有关饮酒习惯分布的非常精确的统计信息（☛ D：Délinquents—犯罪者）。不过很难想象，这些猴子是如此难以控制，研究人员光凭观察它们每日在遍布游客的海滩上巧取豪夺就能掌握它们的饮酒量——总之这段视频是如此表述的，仿佛通过就地观察这些猴子就足以评估它们每日的饮酒量。实际上，这些数字并非来自田野，但这一田野使科学家有了重现能将这些观察结果转化为统计数据的条件的想法。只需从评论中提取几个精确的表述，"猴子"，"圣基茨"，当然还有"喝酒"。将它们输入搜索引擎，搜索结果的第一页里就有三篇有关这一研究的文章，其中两篇与科学家们的研究规程有关：他们如何让圈养的猴子喝酒、喝多少、在什么条件下，有多少只猴子，根据怎样的命题，等等。因此，研究人员提供给我们的统计数据无法主张自己与沙滩上的猴子有关，它们其实来自那些在非常特定的条件下——而且我们完全可以想象是极其多样的条件——按照实验规程进行研究的猴子。一般化结论下得太仓促了,研究结果不够可靠——这有点像是想靠在监狱里的研究来确定某一人群服用违禁物质或药品的情况。

当然,有人会对我说,大家大可以像我一样寻找产生这些数字的条件。但是,如此大费周折地去找不应该是大家的事。这不仅仅是从一个世界到另一个世界的转译的严谨性的问题。如果Youtube网站可以成为一个爱好者实践和科学成果杂处的有价值的知识生成场所,那么这段视频的评论与现在这般进行的研究之间就不应存在这一脱节。因为在这一脱节中,除了严谨性,我们还失去了其他东西,那恰恰是所谓优秀科普的价值所在。名副其实的知识"普及",其价值与伟大在于以下方面的普及:对此类规程的解释,研究中采取的防止偏差的措施,研究者的犹豫,所涉及的生命存在,将观察结果转译为数字、将数字转译为假说的思维过程,以及这些假说从属的争论。这些"细节"——其实它们从来不是细节——不仅可以证明科学家代表他们的拷问对象发声的正当性,而且还将成为让科学更有趣味的叙事体制的一部分。那是解谜与探案的体制,惊险、刺激的探险体制。

诚然,一些意义既弱也不可靠的研究会暴露它们的真面目;从事这些研究的科学家面对这一可见性的考验该好好担心才是,最好别让公众看到。但另一类科学家将会取得巨大成功,他们会激发我们的兴趣,让我们就像他们在研究中发动起来的动物那样,爱上他们的科学探险。

关于本章

对康德的引用摘自：Emmanuel KANT, *Géographie*, Aubier, Paris, 1999。贾维德·卡里姆发布的首个视频可以在 youtube. com 上看到。

请参阅：Bruno LATOUR, « Beware, your Imagination Leaves Digital Traces », bruno-latour. fr。布鲁诺·拉图尔的这篇文章启发了视频生产主观性和知识的想法。

格雷格·米特曼的分析源自一本集体著作：Gregg MITMAN, «Pachyderm Personalities: The Media of Science, Politics and Conservation », in Lorraine DASTON et Gregg MITMAN (dir.), *Thinking with Animals*, Columbia University Press, New York, 2005, p. 173—195。

关于"找到（视频背后的）科学"的方式，我要感谢我的同事人类学家奥利维耶·塞尔韦。他帮了我大忙，让我得以在 Youtube 视频和在线科学论文之间联系的复杂迷宫里找到了方向。我同样要感谢瑞士法语电视台的记者埃里克·比尔南，他热情地向我提供了一些宗教和政治网站的信息，这些网站上有一些明显反映动物利他行为的视频。我还要感谢列日大学政治学博士研究生的弗朗索瓦·托罗，他向我分享了他对这一领域材料翔实、引人入胜的分析。

最后，伊莎贝尔·斯坦格斯（如 Isabelle STENGERS, *Cosmopolitiques*, I et II, La Découverte, Paris, 2003）和布鲁诺·拉图尔（如 Bruno LATOUR, *Chroniques d'un amateur de sciences*, Presses de l'École des mines, Paris, 2006）都曾论述过科

普工作为何只有让我们喜爱科学、了解科学家的激情、困难和争议才有意义。

Z：Zoophilie—恋动物癖
马应该表示同意吗？

　　2005 年 7 月，肯尼思·品扬（Kenneth Pinyan），35 岁，男性，一动不动地躺在华盛顿州距西雅图约 50 公里的农业小镇埃努克劳的医院急诊室里。医生宣布了他的死亡。把他送到医院的朋友失踪了，因此，必须进行尸检以确定死亡的原因。最终，医生得出结论，致命因素是结肠穿孔引起的急性腹膜炎。有关当局通过调查弄清楚了穿孔的原因。品扬被一匹马鸡奸了。这起事件被归结为事故。但是，在搜证过程中，当局发现了重要的录像资料，证明存在着一个农场，在那里人们可以付钱与动物发生性行为。这给整个小镇带来了恐慌。

　　调查人员找到了品扬的朋友，一位名叫詹姆士·泰特（James Tait）的摄影师，检察官本想起诉他，但却不能。原因很简单,在华盛顿州,兽交活动不是非法的。更何况事实证明泰特不是发生事故的农场的主人,它属于一个邻居,泰特只是把品扬带到了那里。最后,泰特因侵犯私人领地被判处一年监禁,缓期执行,罚款 300 美元,禁止进入邻居的农场。

同年,在法国,某个热拉尔·X 被指控对他的小马儒尼奥进行了"非暴力"性侵犯。指控的罪名不是兽交,而是虐待动物。热拉尔·X 被判入狱一年,缓期执行,他被迫与小马分开,并向提起诉讼的动物福利协会缴纳 2000 欧元罚款。

这两起案件引发了极大的混乱、恐惧和激烈的争论。在华盛顿州方面,舆情更是让政治机构陷入少有的狼狈境地。人们迫切需要填补法律的空白,将兽交定为刑事犯罪。何况事件并不仅仅涉及这匹马。在法国,热拉尔·X 事件震动了动物保护协会,它们提起了控告。但是近年来,欧洲有明显恢复旧法律的趋势,在许多国家,原本已不再入刑的兽交行为再度成为打击对象,尤其是借着新法律中"性虐待"的名目。

这两个案例都引起了学者的关注。在美国,两位地理学家,迈克尔·布朗(Michael Brown)和克莱尔·拉斯穆森(Claire Rasmussen),研究了肯尼思·品扬的案例。在法国,则是国家科学研究中心的研究员、法学家玛塞拉·雅库布(Marcela Iacub)。我们可以理解这些案子和法学有关。但它们和地理学有什么关系?根据我们中学时代的记忆,地理通常意味着相当乏味的地图、区域分布、地质层、山脉和河流。只恨我们早生了几十年!近年来,地理学已换了一张惊人的面孔,甚至有和许多其他知识门类并驾齐驱之势。例如,在最近一项研究中,我发现竟有所谓的"幽灵地理学家"，他们致力于研究存在"幽灵"的地方，地图自然要画，而除此之外，他们还对这些地方的"闹鬼"现象进行了全方位研究。我曾问我的朋友、洛桑大学学科关系专家阿兰·考夫曼（Alain Kaufman）现在的地理学和人类学有何区别，他笑着回答：地理学家会画出地图。根据我查阅的大部分文献，我可以证实，他的回答堪称精辟。关注兽交案件的两位地理学家也不例外：他们在报告中插入了两张地图，标注了美国各州立法禁止兽交的情况。第一幅地图显示的是 1996 年的状况，第二幅则是 2005 年。两幅地图并不一致。对比可见，十年间，打击兽交的法律扩张到了相当一部分州。不过这两幅地图并非仅为亮明他们的地理学家身份而列。他们关心的是与性有关的政策变迁，而这两幅地图正与此有关。

布朗和拉斯穆森声称自己属于地理学一个全新的领域：酷儿地理学（☞ Q：Queer—酷儿）。用他们两位的话来说，酷儿地理学致力于"让'性与空间'的地理学研究所舒适讨论的典型课题、实践和政策更趋多样"。但他们指出，近年来，酷儿地理学家们得出一个"令人不安的共识"，地理学还不够"酷儿"。他们写道，真正的酷儿项目要求研究人员"克服过分腼腆或害羞，专注于交媾，特别是特定性行为构造权力规范关系的方式，他们还必须坚持关注下流的、边缘化的身体、欲望和场合，这些东西被聚焦于男女同性恋者的研究舒适地掩盖了"。换言之，必须学会从身体和欲望的角度来谈论性，尤其要抵制仅在人类话语的阐释范畴中思考动物与人之间的性行为的诱惑。对人与动物之间的性行为的思考，是对指导我们思考性行为方式的那些习以为常的观念与规范的一次考验。

鉴于关于恋动物癖的争论不仅造成了很多混乱，而且在过去及现在，尤其还带有性关系与权力关系明确关联后所引起的矛盾、不安和不适的印记，因此有必要对此加以关注。在这一点上，布朗和拉斯穆森响应了哲学家米歇尔·福柯在其 1970 年代末 1980 年代初的著作中发出的呼吁：我们无法自洽地一边对性说"是"一边对权力说"不"，因为权力操纵着性。

法国法学家玛塞拉·雅库布对热拉尔·X 案的评论也同样围绕着福柯的理论而组织。她认为这一判决证明了福柯的预言：判决依据的不是过去那些理由，这不是一个简单的清教主义的问题。雅库布引用了福柯于 1979 年撰写的《关于风化的法律》（*La loi de la pudeur*）："性将成为一种游荡的危险，一种无所不在的幽灵〔……〕。性将成为所有〔……〕社会关系的威胁。权力试图通过表面上宽大的、总的来说一般性的立法来控制这个阴影、这个幽灵、这种恐惧。"雅库布的论据基于一个矛盾：法庭依据法国刑法第 521.1 条处罚了小马儒尼奥的主人，但这一条款又是斗牛、填喂鸭鹅和斗鸡等活动合法存在的依据。根据同一条法律，如果热拉尔·X 愿意的话，他可以宰杀并食用他的小马，但是却不能和它一起找些乐子。雅库布说这个乐子对于小马来说并不痛苦，这也是法官所承认的，因为判决认为这一举动是在"非暴力"的条件下所犯。雅库布说，判决的核心问题是控制着性的权力——将性指认为危险的权力，以及与此相关的同意的问题：因为，如果指控针对的确实是**非暴力**的性行为，那么就不能将其视为折磨，**除非**预设这一性行为未获对方同意。这说明同意才是指控的核心问题。而这，雅库布说，从审判热拉尔·X 所用的法条角度看，并非全无矛盾。

　　在华盛顿州，法律上的难题没那么容易解决，即便法国法学家指出的这种矛盾只是给讨论稍稍带来些麻烦。在审理以后免不了会发生的类似案件之前，有必要立法，而要立法就需要理由。需要通过法律来定规矩的第一个理由非常实际，且相当紧急：处理此事的保守派参议员帕姆·罗奇（Pam Roach）表示，缺少相关法律，华盛顿州就可能成为人们所说的"性爱天堂"，或按照这位女参议员更激进的原话："兽交的圣地"。她宣称，在互联网广告、甚至有关这桩丑闻的消息的助力下，来这座位于静谧乡村的农场的旅行就会变了味，这里将引来世界各地所有变态。不过这一论据尚不足以作为立法依据。还有第二个理由，它一经提出就得到了广泛的赞同：动物不可能同意这种性行为。动物是纯洁的生物，它们不会想做这种事。这是一个危险的论据，正如雅库布在法国案件中所完美指出的那样。而且尤其讽刺的是，动物不同意的论据用在品扬案中恰恰不符合事实。有必要交代一下该案细节。

　　实际上，肯尼思·品扬有一匹马，养在泰特——就是那天晚上送他到医院的朋友——的农场里。在那个致命的夜晚，品扬首先引诱的是这匹马。但这匹马拒绝将其鸡奸，正如后来主持调查的警长所说，它不"接受"。于是，品扬和他的搭档决定去隔壁农场，那里有一匹绝非浪得虚名的绰号叫"大老二"的马。在主人不知晓的情况下，他们溜进了马厩，找到了"大老二"，它更配合；一定过于配合，因为后来发生的事情我们都知道了。

　　只不过罗奇参议员的目的不是审理这一旧案，而是为未来进行一般性的立法，因此，同意的问题似乎是最佳论据。但是，参议员不得不面对事实，在这一方面，法律词汇中没有"同意"二字。动物被归类为财产，而根据法律，轮不到财产同意不同意，只有财产持有人才可以这样做。不属于拥有同意权的生物，自然也就谈不上不同意。再者，还有另一个问题，这也正是雅库布提出的问题，特别微妙：难道动物同意被牵着、被关在动物园、被用于测试药品、被养肥直至被宰杀或被食用吗？在这些方面，之所以从无需要征求它们的意见，恰恰因为它们是"财产"。对于它们，法律上不存在是否要征得同意的问题。

鉴于这一论据带来的困难，罗奇考虑了另一种策略：将反虐待法的适用范围扩展至物种间的关系。但是，即使这样做，该法也不适用于本案，因为身体伤害的受害者不是马，而是人。罗奇参议员于是考虑缩小打击的暴力行为范围，将性行为本身定义为虐待。但若要虐待成立，必须证明虐待者以强凌弱。这在关系到鸡、山羊、绵羊或狗的案例中或许说得通，但对马不适用。只能放弃该策略，除非将任何性行为都先验地视为虐待。

因而最后，罗奇参议员决定从人类特殊论的角度来要求立法。这条思路是极端保守派智库发现研究院（Discovery Institute）一名鼓吹"智能设计"新神创论的显赫成员提示她的。兽交行为侵犯了人类尊严；当人类特殊论受到威胁，法律必须负起责任提醒人们维护尊严。这个论据并不新鲜，但必须以某种方式重新提出来。如果打击鸡奸的法律仍然有效，事情本来会简单得多。可它被取消了，这为兽交敞开了大门。因为在华盛顿州，从前反鸡奸法的立法依据恰恰是鸡奸是一项"反人类罪行"，它"侵犯了人性"。

这个不幸的法理漏洞并没有阻碍华盛顿州最终颁布惩罚兽交的法律，还有一条附加条款：禁止拍摄兽交行为。看起来立法者最后放弃了人类尊严的论据，回到了虐待的角度。因为几个月后，2006 年 10 月，一名男子被逮捕，其妻报警称他与家中 4 岁龄的雌性斗牛犬发生性关系。他被认定犯下了虐待动物罪。他的妻子之所以能使他定罪，是因为她向当局展示了她在撞破这一场面时用手机录下的现场视频。据我所知，她没有被追究任何责任……

品扬案中触及的动物同意的问题最后被搁置了。这个问题是法国那起案件的核心，也正是它所揭示的矛盾让玛塞拉·雅库布警觉。不仅因为这些矛盾表现出审判和法律的随意性，还因为对这一概念的坚持暴露了正在围绕性所发生的事情。福柯对我们预言的事情正在发生。性成了无处不在的危险。受热捧的性解放成为一种教义，而捍卫社会不受各种乱象污染成了国家职权之一。"各方同意"成了国家实施这种掌控的基石，成了性正常化的武器。在玛塞拉·雅库布与哲学家帕特里斯·马尼格利耶（Patrice Maniglier）合著的书里，他们写道，"各方同意"理念的一个后果就是在性的问题上有了受害模式的选项，以及与之对应的必然后果：国家干预个体性行为、保护受害者的可能性。在所有基于各方同意而呈现出相同模式的领域，国家都在这么做。例如，将有些人定义为被操纵、被控制，或是心理脆弱易受外界影响，这就等于授权国家保护这些人免受自己和他人的伤害，并在所有与这种脆弱性相关的情况下掌握权力。

换到另一个时代，小马儒尼奥一案或许会被视为与某种清教主义反应相关，但现在，它让我们意识到性与权力关联的方式：国家能够通过法官的介入维护道德，并以保护受害者为由对性进行约束。

地理学家布朗和拉斯穆森也探讨了同意的问题。诚然，罗奇参议员放弃了这个问题，在恋动物癖的场景里，无法原封不动地以这个角度立法。但是两位研究人员指出，同意问题在恋动物癖上暴露出来的矛盾同时也让人们看到其本身固有的矛盾。我们的民主基于能够"同意"的人的参与。但是，这一概念同时也是制造社会排斥的一件绝妙武器。无权表达同意者被排除在政治领域之外。在发明同意概念的社会契约理论中，甚至在确定集体中哪些部分同意组成该共同体**之前**，就必须划定拥有同意权之人——公民——与无权之人——可以是妇女、儿童、奴隶、动物、异乡人——之间的边界。布朗和拉斯穆森指出，社会契约论通过一种**共识幻觉**，把民主共同体这一丑恶的奠基事件阻挡在视野之外：这是一个以同意为基础，悖论地把一部分个体**事先**排除在共同体之外的暴力的、无共识的过程。这样创建的边界被认为并非随意，不证自明，从而很自然地导致分别授予那些将被视为自主的、完全人性化的人，和那些缺乏自主、意志、良心和"同意"能力的个体不同的本体论地位。"动物没有表达同意与否的能力，因此对恋动物癖的禁止是正当的，同时，这一能力的缺失也构成了将动物排除在伦理考量之外的理由。"

立足于两个明显不同的领域，地理学家和法学家分别探讨了一个共同的主题。思路当然是不同的，但殊途同归，反映出他们如何看待各自的研究实践、如何按照该实践的要求去做：他们的研究对象，触及的这些问题对他们所属的学科，乃至我们的思考方式形成考验，颠覆了这些范畴的一些常识与习见，颠覆了某些概念，以及我们用于锻造那些概念的工具。这些对象让人不适，制造麻烦甚至恐慌，而且找不到任何简单答案。这些对象堪称

"酷儿"，或因它们的颠覆力量而具有政治意味。我们只需想想哲学家蒂埃里·奥凯（Thierry Hoquet）对这些对象效力的定义，他引用柏拉图笔下的典故写道："恋动物癖击败了人类中心主义这种古来便有的倾向，那些仙鹤总是坚持把自己与其他动物分开单独归类。"[①]对法学家而言，恋动物癖重新拷问了某些我们认为不言而喻的范畴，如性行为的私密性、因性行为而定的身份、同意权，甚至那些定义人或者动物的要素。对于地理学家来说，需要思考的是地理学的核心：边界问题。比起彻底理解或了解什么是恋动物癖，更重要的是正视恋动物癖对我们的知识、工具、实践，乃至定见的影响。

　　卡特琳·雷米在其著作《野兽的终结》（*La Fin des bêtes*）开头，将两种表面看来明显不同的情况相提并论：哈罗德·加芬克尔（Harold Garfinkel）对变性人阿涅丝所做的常人方法学研究，以及她自己对屠宰场里宰杀动物之人的调查。她说，这两项研究在边界问题上形成"透镜效应"。阿涅丝变成女性的过程，使得一直在进行中的"女性气质受控展露"以及性建设大白于我们的视线之下。作为一项工作，宰杀动物对"人性边界"的生成和存在具有"透镜效应"。实施者不停地进行分类，使我们了解到人与动物之边界在实践中如何落实。

　　恋动物癖也具有这种显著的边界"透镜效应"，对于可接受的性行为与被视为异常的性行为之间的边界，对于人与野兽之间的边界。而且其有效性不限于这两者。兽交清晰地展现了主宰城乡关系的那条边界的运动。根据许多历史学家的说法，过去在乡

[①]　仙鹤的例子见柏拉图《政治家》。

村地区,兽交是一种常见的习俗,甚至作为青少年的一种性启蒙方式而被相对宽容。与此相反,城市则抵制这一行为,因此随着人口迁入城市,兽交也逐渐销声匿迹。边界的两侧现在颠倒了,因为城市被视为所有放荡行为集中之所在。恋动物癖还绘制了自然与文化之间的边界,不仅因为这些行为被认为是"反自然的"(☞ Q:Queer—酷儿),而且还因为涉及的动物——马、牛、山羊、绵羊、狗,它们作为家畜,也不停地让这一边界处于紧张状态。最后——但这份边界清单仍可不断拉长——它还描摹出有同意(如今称为"知情同意")能力者和无此能力者——儿童、动物、疯子……——之间的边界。恋动物癖引发的回应、制裁、对道德的反思、举止和立法,都是建构、落实、承认、搅乱、挑战或破坏这些边界之过程的一部分。我记得卡里姆·拉普(Karim Lapp)在研究城市生态问题时曾对我说过:"将动物引入城市就是带来颠覆。"我不知道卡里姆是否晓得,他的话真是一语中的。

关于本章

品扬事件之后首个在华盛顿州被定罪的恋动物癖者的信息可以在 2006 年 10 月 20 日的《西雅图时报》上找到。该文章可在线访问:seattletimes. nwsource. com。

本章中有关酷儿地理学的内容,请参见:Michael BROWN et Claire RASMUSSEN, «Bestiality and the Queering of the Human Animal», *Environment and Planning D: Society and Space*, 28, 2010, p. 158—177。另外还可参阅:Marcela IACUB et Patrice MANIGLIER, *Anti-manuel d'éducation sexuelle*, Bréal, Paris,

2007。至于玛塞拉·雅库布的文字，读者还可在她于 cultureet-debats. over-blog. com 网站上所开的博客"和玛塞拉·雅库布一起神经质"（Être dérangé avec Marcela Iacub）中找到。同一网站上可以找到她对福柯的分析。热拉尔·X 案件摘自：Marcela IACUB, *Confessions d'une mangeuse de viande*, Fayard, Paris, 2011。蒂埃里·奥凯的引文摘自以下精彩的文章：Thierry HOQUET, «Zoophilie ou l'amour par-delà la barrière de l'espèce», *Critique*, 747—748, août-septembre 2009, p. 678—690。他的分析揭示了另一种边界破坏情况，即人类共同体内部围绕生殖器插入行为的意义，不同性别之间边界被破坏的情况。他注意到同性性行为和兽交经常被混人为一谈（这也表明同意问题只是一个幌子而已）："就好像他们觉得那全是些发生在失去理性的生物之间的无缘无故的交配。"卡特琳·雷米的分析参见：Catherine RÉMY, *La Fin des bêtes*, op. cit。

图书在版编目（CIP）数据

我们问对动物了吗？ / (比) 万仙娜·戴普雷著;佘振华译. -- 上海 : 上海文艺出版社, 2024
(新视野人文丛书)
ISBN 978-7-5321-8657-0

Ⅰ.①我… Ⅱ.①万… ②佘… Ⅲ.①动物学－普及读物 Ⅳ.①Q95-49

中国国家版本馆CIP数据核字(2024)第011764号

VINCIANE DESPRET
Que diraient les animaux, si... on leur posait les bonnes questions ?
Copyright © Editions La Découverte, Paris, 2012, 2014.
Simplified Chinese edition copyright © 2024 SHANGHAI LITERATURE & ART PUBLISHING HOUSE
All rights reserved.
著作权合同登记图字: 09-2020-043

发 行 人：毕　胜
责任编辑：赵一凡
封面设计：朱云雁

书　　名：我们问对动物了吗？
作　　者：[比] 万仙娜·戴普雷
译　　者：佘振华
出　　版：上海世纪出版集团　　上海文艺出版社
地　　址：上海市闵行区号景路159弄A座2楼 201101
发　　行：上海文艺出版社发行中心
　　　　　上海市闵行区号景路159弄A座2楼206室 201101 www.ewen.co
印　　刷：浙江中恒世纪印务有限公司
开　　本：890×1240 1/32
印　　张：8.875
插　　页：5
字　　数：150,000
印　　次：2024年6月第1版 2024年6月第1次印刷
I S B N：978-7-5321-8657-0/G · 380
定　　价：72.00元
告 读 者：如发现本书有质量问题请与印刷厂质量科联系　T: 0571-88855633